THEORY AND APPLICATION OF NONCON
DECOMPOSITION METHODS FOR FE-BI-MLFMA

非共形区域分解合元极方法
理论与应用

高红伟　盛新庆　著

北京理工大学出版社
BEIJING INSTITUTE OF TECHNOLOGY PRESS

图书在版编目（CIP）数据

非共形区域分解合元极方法理论与应用 / 高红伟，盛新庆著. -- 北京：北京理工大学出版社，2024. 8.

ISBN 978-7-5763-4414-1

Ⅰ. TM15

中国国家版本馆 CIP 数据核字第 20248JE409 号

责任编辑：李颖颖　　文案编辑：宋　肖
责任校对：刘亚男　　责任印制：李志强

出版发行 / 北京理工大学出版社有限责任公司
社　　址 / 北京市丰台区四合庄路 6 号
邮　　编 / 100070
电　　话 /（010）68944439（学术售后服务热线）
网　　址 / http://www.bitpress.com.cn

版 印 次 / 2024 年 8 月第 1 版第 1 次印刷
印　　刷 / 廊坊市印艺阁数字科技有限公司
开　　本 / 710 mm × 1000 mm　1/16
印　　张 / 12
彩　　插 / 3
字　　数 / 152 千字
定　　价 / 68.00 元

前　言

随着电磁理论和计算机技术的快速发展，电磁仿真软件日趋成熟，已经成为电磁相关产品研制过程中不可或缺的评估工具，有力地支撑了产品的快速迭代升级。电磁仿真软件的核心技术之一是电磁建模方法，它直接决定了软件的适用场景与仿真能力。因此，电磁建模方法受到了学术界的广泛关注，逐渐形成了一个重要的学科方向——计算电磁学。经过半个多世纪的发展，国内外学者通过不懈努力，提出并实现了涵盖时域和频域在内的众多计算方法。混合有限元—边界积分—多层快速多极子算法，简称合元极方法，是计算电磁学中的一种优秀的混合全波数值方法。该方法采用有限元方法进行矢量波动方程的体离散，可用于模拟复杂精细结构和非均匀介质混合的复杂目标。在有限区域的外边界面上设置积分方程，不仅能够准确截断无限大的均匀背景，而且可以有效缩减建模区域。此外，引入多层快速多极子技术可以稀疏存储边界积分离散所得满矩，并且能够加速矩阵与矢量的相乘操作，极大提升了算法的效率。因此，合元极方法是一种兼具通用性、精确性与高效性的电磁建模方法，可用于天线辐射、雷达散射等开域电磁问题的准确仿真分析，备受科研学者的青睐。

然而，随着工程应用的深入，电磁相关产品的材料和结构愈加复杂，工作频率越来越高，加以高逼真仿真的需求牵引，合元极方法面临电大、多尺度和多媒质目标的仿真挑战，存在难收敛、内存消耗大等问题，难以满足当前先进的仿真需求。本书作者攻读博士学位时期恰逢上述时代背景，又得幸拜师于合元极先驱人之一盛新庆教授门下，遂聚焦于合元极方法，并开展研究工作，基于区域分解有限元方法和区域分解边界积分方法，提出并实现了多种非重叠合元极方法，以及非共形区域分解合元极方法，显著提升了合元极方法的计算能力，有力推动了合元极方法的发展壮大。作者围绕区域分解合元极方法发表了多篇 *IEEE Transactions on Antennas and Propagation* 期刊论文，所撰写的博士学位论文《非共形区域分解合元极方法》获评为 2018 年中国电子学会优秀博士学位论文。

为了便于与同行交流学习，作者将十余年的合元极方法研究成果进行了整理，并撰写此书。此书详尽阐述了区域分解合元极方法的理论基础、关键技术以及应用示范，总结了作者对区域分解合元极方法的独特见解与实质性贡献，面向复杂目标特性分析、目标辅助设计等诸多工程实践问题，提供了一类有效的解决方案。全书共设 7 章，各章节内容层次分明、逻辑清晰。第 1 章作为绪论，首先概述了计算电磁学的发展趋势，随后详细梳理了合元极方法和区域分解算法的发展现状。第 2 章介绍了合元极方法的理论基础及数学公式。首先介绍合元极方法中的三要素：三维有限元方法、三维边界积分方法和多层快速多极子算法。在上述理论基础上详细阐述合元极方法的求解思路和系统方程的推导过程。最后介绍 3 种典型的合元极方程求解算法：传统迭代算法、分解算法和预条件算法，并总结出传统合元极方法面临的难题。第 3 章主要介绍了 5 种区域分解有限元方法的异同、系统方程的推导和数值性能。通过丰富的数值实验验证，对 5 种区域分解有限元方法的数值性能进行总结。第 4 章介绍了在面向多尺度 Perfect Electric Conductor（PEC）目标的电磁散射问题时，如何构建不连续伽略金方程，并分析其计算复杂度。通过数值算例，验证了这种方法的精度、收敛性与计算效率。第 5 章介绍了非共形 Schwarz 型区域分解合元极方法，并提出一种 ABC – SGS 预条件，进一步提高该方法的收敛性。第 6 章介绍了非共形 FETI – DP 型区域分解合元极方法，基于性能更好的 FETI – DP 型区域分解有限元方法，提出了四种非共形 FETI – DP 型区域分解合元极方法。第 7 章介绍了非共形模块型区域分解合元极方法。在前几章研究的基础上，借助最新的区域分解边界积分方法，提出一种非共形模块型区域分解合元极方法，不仅将内部有限元部分进行分解，而且将外部表面进行分解。通过丰富的数值算例，包括简单目标和现实复杂目标、散射问题和辐射问题，研究并展现了该方法优越的数值性能。

本书的出版得到了北京理工大学优秀博士学位论文出版项目资金的资助。由于电磁算法发展迅速加之作者水平有限，书中难免存在疏漏之处，敬请读者批评指正！

高红伟

2024 年 5 月

目　录

第 1 章 绪论

1.1 计算电磁学概述

麦克斯韦方程组（Maxwell's equations）是由英国物理学家詹姆斯·麦克斯韦于1864年提出，后经英国物理学家奥利弗·赫维赛德在1885年整理简化的一组描述电场、磁场与电荷密度、电流密度之间关系的偏微分方程。该组方程通过数学形式预言了电磁场的存在，系统地概括了宏观电磁场的基本规律，奠定了电磁场的理论基础。1887年，海因里·赫兹通过实验产生和检测到了电磁波，证实了电磁波的存在，这一重大发现极大地推动了人们对麦克斯韦方程组和电磁场的研究兴趣[1-2]。经过100多年的研究与发展，基于电磁场理论的电磁工程取得了丰硕成果，并被广泛应用于通信、雷达、物探、电磁防护、电磁兼容、医疗诊断、军事技术等领域，极大地促进了科学技术和人类社会的进步。

电磁场理论和工程中的问题都是依赖于麦克斯韦方程组在各种边界条件下的求解。为了满足这一需求，探索准确高效的麦克斯韦方程组求解方法一直是电磁领域专家学者关注的重要的研究方向。纵观整个麦克斯韦方程组求解的发展过程，大致可以分为两个阶段：20世纪60年代以前的经典电磁学阶段和20世纪60年代以后的计算电磁学阶段。在经典电磁学阶段，电磁场理论和工程中的许多问题大多采用解析或渐进的方法进行处理，即在 11 种可分离变量的坐标系中求解麦克斯韦方程组或其退化形式，最后得到解析解。这种方法能够得到问题的准确解，计算效率也比较高，但适用范围较窄，只能求解具有规则边界的简单问题，如球体、圆柱体、椭球体等[3]。当遇到不规则形状或者任意形状边界问题时，则需要比较复杂的数学技巧，有时甚至无法获得解析解。随后，得益于计算机技术的发展和计算数学的进步，麦克斯韦方程组的求解进入计算电磁学（computational electromagnetics，CEM）阶段。概括来讲，计算电磁学是以麦克斯韦方程组为理论基础，运用计算数学方法，借助高性能计算机求解复杂电磁场方程和解决工程中的问题。相对于经典电磁学而言，计算电磁学中的方法几乎不再受限于规则边界的约束，能够解决各种类型的复杂问题。因此，计算电磁学随后成为电磁领域专家学者研究的热点。经过各国专家学者几十年的研究，计算电磁学中的数值方法越来越丰富，已成为当前电磁仿真分析的主流[4-5]。

目前，计算电磁学中的方法大致可分为两类：高频近似方法和全波数值方法。高频近似方法是一种基于射线或者电流的方法，通常用于计算尺寸远大于入射波波长的金属目标。该类方法主要包括物理光学法（physical optics，PO）、几何光学法（geometrical optics，GO）、几何绕射理论（geometrical theory of diffraction，GTD）、物理绕射理论（physical theory of diffraction，PTD）、射线追踪法（shooting - and - bouncing rays，SBR）等[6]。这些方法不需要生成或储存矩阵，具有计算效率高的特点，但仅适用于表面光滑或其表面细节可忽略的金属目标，故适用范围较窄，精确性较差，且对复杂细微结构的模拟处理能力有限。全波数值方法是将麦克斯韦方程组进行数值离散，获得矩阵方程再求解的方法。按照求解麦克斯韦方程组的形式不同，全波数值方法可分为基于微分方程的方法和基于积分方程的方法两大类。基于微分方程的方法主要有时域有限差分法（finite difference time domain，FDTD）[7-8]和有限元方法（finite element method，FEM）[9-10]。基于积分方程的方法主要包括矩量法（method of moments，MoM）[11]和体积分方法（volume integral equation，VIE）[12-13]。此外，全波数值方法还包含一类特殊的方法——混合方法。混合方法将不同的方法结合在一起，扬长避短，以期获得更好的数值性能，本书介绍的合元极方法（FE-BI-MLFMA）便是其中重要的一种[14]。与解析方法和高频近似两类方法相比，全波数值方法的优点在于它不对麦克斯韦方程做任何近似处理，能够求解各类复杂结构及复杂材料问题，具有通用、准确、灵活的特点。然而，全波数值方法本身受内存需求和计算时间的限制，在一定计算资源的限制下，所能求解目标的尺寸有限。但是，随着现今计算机硬件和软件的飞速发展，CPU 运算速度不断提高，计算机内存容量不断增大，软件功能不断完善，计算方法不断改进，再加上并行计算机的使用，全波数值方法解决电磁问题的能力得到了极大的提升。因此，全波数值方法的研究已经成为当前计算电磁学研究领域的主要方向。

1.2　合元极方法的研究现状

合元极方法（FE-BI-MLFMA）是计算电磁学中一种混合型全波数值方法，是混合有限元、边界积分和多层快速多极子算法的简称。该方法将有限元方法和边界积分方法进行有效的结合，并采用多层快速多极子算法加速因矩量法离散边界积分而得的稠密矩阵与矢量的相乘操作。该方法不仅保留了有限元方法处理复杂介质和形状目标的优势，而且采用边界积分作为严格的截断条件，确保了极高的计算精度，可谓是一种兼具精确性和高效性的方法，已广泛应用于电磁场开域问题的求解，如散射和辐射等问题。

边界积分方法中任意两个未知量的相互作用可通过格林函数直接表述，而且自动满足索末菲边界条件。这种方法不仅具有全局性的特点，而且具有很高的计算精度。然而，只有在某些特定的问题中，才能够得到积分算子的具体表达形式，在很多复杂的情况下，并不能得到具体的格林函数[3]。因此，边界积分方法的通用性稍差。有限元方法是以泛函变分为数学表达形式，用分片插值来构造完备基函数空间的一种求解偏微分方程的数值方法[10]。与边界积分方法不同，该方法具有局部性的特点。具体来讲，计算区域中的未知量仅仅和相邻的未知量有直接作用，对于区域中任意两个不相邻未知量的相互作用，有限元方法是通过一系列中间未知量的传递实现的。因此，这种表述尤其适合处理含有复杂介质和形状的目标体。然而，有限元方法解决开域电磁问题如散射、辐射问题时，必须采用边界条件将无限的计算区域截断。目前常用的方法有：吸收边界条件（absorbing boundary condition，ABC）[15-18]和完全匹配吸收层（perfectly matched layers，PML）[19-20]方法。此类边界条件能够保证有限元矩阵的稀疏性，然而该类边界条件无法保证计算精度，这是因为计算结果的精度与入射角、极化方向、散射体形状和介质参数等诸多因素密切相关。合元极方法便是在综合考虑边界积分方法和有限元方法数值特点的基础上应运而生的。但合元极方法并不是有限元方法和边界积分方法的简单叠加，也不是一蹴而就的，是由最初简单的混合有限元-边界积分（hybrid finite element - boundary integral method，FE-BI）方法逐步发展而成的。

1982 年，电磁学者 S. P. Marin 提出的二维 FE-BI 方法标志着一种全新的混合方法的诞生[21]，随后该方法被成功应用于二维复杂目标的散射问题计算[22-25]。然而，现实中的电磁工程应用一般需要考虑三维问题。在此需求的推动下，K. D. Paulsen 等于 1988 年成功实现了三维 FE-BI 方法，并将其应用于三维目标散射问题的计算[26]。K. D. Paulsen 等实现的三维 FE-BI 方法采用基于节点基函数的有限元方法（node-based FEM）离散内部求解区域，采用电场积分方程（electric-field integral equation，EFIE）或磁场积分方程（magnetic-field integral equation，MFIE）作为边界积分截断求解区域。然而，该方法存在两个主要的缺点：①采用节点基函数（node - based basis functions）离散内部的电磁场很难处理介质交界面以及尖锐的金属边和顶点，而且会出现伪解；②由于单独采用电场积分方程或者磁场积分方程，因此会存在谐振频率。为解决 FE - BI 的第一个缺点，随后研究者们采用边缘元基函数（edge - based basis functions）代替节点基函数来离散有限元区域的电磁场，由于边缘元基函数是旋度共性基函数，能够有效保证内部电磁场的切向连续性，因此能够有效处理不同介质交界面，而且可以消除伪解，得到更加稳定准确的解[27-28]。对于 FE - BI 的第二个缺点，通过利用电场积分方程和磁场积分方程谐振频率不同的特点，将电场积分方程和磁场积分方程进行线性相加，得到混合场积分方程（combined field integral equation，CFIE）作为最终的边界积分方程[29]。改进后的三维 FE - BI 方法作为一种更加稳定的方法，被广泛应用于电磁工程中的散射和辐射问题的准确求解[30-33]。

尽管采用边缘元基函数和混合场积分方程的 FE - BI 方法作为 FE - BI方法中里程碑式的发展，使其能够有效描述非均匀复杂目标的电磁特性，但这种方法仍然面临另外一个问题，那就是最终线性方程的求解。FE - BI 方法离散所得的矩阵是部分稀疏部分稠密的矩阵，这导致该矩阵的条件数很差。通常情况下，该矩阵维度比较大，直接求解不现实，只能采用迭代求解方法。然而对于复杂且无耗的目标，其迭代收敛很慢，甚至可能无法收敛。此外，由于矩量法离散积分方程得到的矩阵是一个满阵，因此 FE - BI 方法中的 BI 部分矩阵是一个稠密的矩阵，其矩阵与矢量相乘的空间复杂度和时间复杂度均为 N 的平方（N 为稠密矩阵的维度）。因此，随着目标的增大，计算复杂度会急剧增加，这大幅限制了 FE - BI 方法的计算能力。伴随当时加速矩量法中矩阵和矢量相乘的快速多极子算法（FMM）[34-36]和它的升级版本多层快速多极子算法（MFLMA）[37-39]研究的成功，FE - BI 方法计算复杂度高的难题首先得到了解决。1996 年，N. Lu 首次将快速多极子引入 FE - BI 方法中来，实现了有限元方法、边界积分方法和快速多极子算法[40]的混合。但这种方法使用半空间格林函数对外部空间场进行建模，通用性较差。真正意义上的混合有限元、边界积分和多层快速多极子算法，即合元极方法，开发于1998年，由X. Q. Sheng等将多层快速多极子算法与FE－BI完美结合[41]。该项工作给出了通用的合元极方法的表述形式，并对如何离散边界积分方程进行了详细的研究，在一定程度上改善了FE－BI方法的收敛性。该项工作成功提高了FE－BI方法的计算规模，并将该方法应用于三维涂层体散射问题的求解。自此，FE－BI方法进入了合元极（FE－BI－MLFMA）方法的时代。

自1998年合元极方法成功应用于涂层体的散射计算以来，对于FE－BI方法的深入研究一直在持续，主要包括两个方面。第一个方面是FE－BI方法的高阶基函数实现。高阶FE－BI方法于2001年开发成功并应用于涂层体散射的计算[42]。高阶FE－BI方法主要是采用高阶基函数离散电磁场，这样可以使用更稀疏的网格对计算区域进行离散，大大降低了FE－BI方法的矩阵维度，提高了计算效率和能力。随后，该方法用于解决电大且深的腔体散射问题[43-46]，其中借助了并行多层快速多极子算法[47-50]。本书认为，FE－BI高阶技术的研究可看作对FE－BI计算速度和能力的进一步提升。第二个方面是对FE－BI方法收敛性的研究，也是后来对FE－BI方法研究最多的方面。通过归纳总结已发表的文献可以看出，目前提高FE－BI方法收敛性的技术主要分为两个方面：实现高效的求解算法和构造有效的预条件件。高效的求解算法主要包括在迭代求解的基础上加入直接求解有限元矩阵的算法，即混合求解算法[51]和双层迭代算法[52]。构造有效预条件件的方法比较多，主要包括采用吸收边界条件（ABC）近似BI的预条件件[53]，以及分解FE－BI为内外区域，采用区域分解后对角块矩阵的预条件件[54-56]。然而，虽然上述方法能够有效提高传统FE－BI方法的收敛性，解决复杂电磁问题，但他们都采用了矩阵直接求解的技术。无论是高斯消去法还是下上（lower upper，LU）三角分解法，所需的内存和时间都非常大。而在实际的电磁工程仿真中，面对动辄十几万甚至百万、千万的未知数，即使在当今快速发展的计算机集群上，直接求解如此大的矩阵的逆也是一个难题。随后针对这一问题，M. L. Yang等首次将区域分解有限元方法引入合元极方法中，成功实现了一种FETI－DP区域分解合元极方法，并对该方法实现了并行化[57]。该方法不仅在很大程度上改善了传统合元极方法的收敛性，而且进一步提高了合元极方法的计算能力。随后，针对无耗介质目标，进一步为合元极方法提出了一种基于FETI－DP的区域分解预条件[58－59]。但是，上述区域分解合元极方法属于共形区域分解算法，要求不同子区域之间交界面上具有共形的网格。如果先将目标进行整体剖分，然后再将生成的网格进行区域划分自然满足交界面共形网格的要求。然而对于电大目标，整体剖分的难度很大甚至不能实现。因此，往往需要将整个目标先分成若干子区域，然后再对每个子区域进行单独网格剖分。在这种情况下，两个相邻区域的交界面上的网格通常是不匹配的，即非共形网格，此时，上述共形区域分解合元极方法将不再适用。因此，灵活建模和剖分的需求大大限制了共形区域分解合元极方法求解电大尺寸目标电磁问题的能力。尽管如此，区域分解合元极方法仍向我们指明了一条有效提高合元极方法的道路，即实现非共形区域分解合元极方法。

1.3 区域分解算法研究现状

对于大规模求解问题，区域分解算法被证明是一种有效的解决途径。该方法的基本思想是：采用“分而治之”（divide and conquer）的策略，将所需求解区域分解为若干个相对独立的子区域，将原始边值问题的求解转换为在各子区域分别进行求解，并利用数据交换条件在子区域之间传递信息。区域分解算法通过将大问题分解为若干小问题的求解方法来达到降低计算资源消耗、提高计算规模的目的。区域分解的思想最早由数学家提出[60-61]，随后被力学家和动力学家发现其巨大的应用价值，便在计算结构力学和计算流体动力学等领域获得重大发展[62-66]。20 世纪 90 年代以后，计算电磁学研究者也逐渐认识到它在解决大规模电磁问题中的潜力，开始将区域分解思想应用于现有的时域有限差分法[67-69]、有限元方法[70-87]和边界积分方法[88-94]，探索更快更有效的数值方法。经过十几年的努力，电磁学者在这一领域已获得了丰硕的研究成果。就目前计算电磁学中的区域分解算法来看，非重叠型区域分解算法因其不需要子区域的重叠，处理更加方便且节省资源，已成为主流的研究方向。本章将着重介绍非重叠型区域分解有限元方法和非重叠型区域分解边界积分方法。

1.3.1 非重叠型区域分解有限元方法

有限元方法因其局部性的特点而成为较早引入区域分解算法的全波数值方法，从目前研究成果来看，非重叠型区域分解有限元方法可分为两类：一种为施瓦兹（Schwarz）型区域分解有限元方法；另一种为撕裂对接（finite element tearing and interconnecting，FETI）型区域分解有限元方法。

在这两类区域分解有限元方法中，施瓦兹型区域分解有限元方法提出得较早。1992 年，电磁学者 B. Després 提出了一种基于 Robin 型传输条件的区域分解迭代方法用于求解时谐麦克斯韦方程，标志着电磁领域区域分解有限元方法研究的开始[70]。随后 B. Stupfel 将 B. Després 提出的区域分解算法结合一种“似洋葱”的区域划分策略成功应用于电磁散射问题的计算[71-72]。然而，B. Després 实现的区域分解方法存在一个缺陷，那就是它需要在所有子区域之间进行反复迭代，才能收敛到指定的精度，而每次迭代都要重新求解每个子区域的矩阵方程。这种方法的计算效率不仅取决于每个子区域本身的复杂度，而且还依赖于迭代次数，迭代次数越多，效率就越低，这种缺陷对于电大问题尤为突出。针对这一问题，S. C. Lee 提出了一种采用辅助黏合变量的区域分解有限元方法[73]，其基本思想是：在相邻子区域的连接边界上引入辅助未知变量，从而将原求解区域“撕开”并形成若干个独立的子区域，通过定义在连接边界上的 Robin 型的传输条件满足子区域之间场的连续性要求，并以其积分形式把被“撕开”的子区域重新“黏接”起来，从而保证与原问题的一致性。此外，通过引入辅助的未知变量，使得相邻子区域之间不需要重叠，而且其连接边界上的网格也不需要匹配，因此，可以采用更加灵活的子区域划分和网格剖分方案，这有效地降低了有限元网格剖分的难度。这是首次实现的非共形区域分解有限元方法，也标志着优化的施瓦兹型区域分解有限元方法时代的开始。随后 M. N. Vouvakis 在此工作基础上[74]，将每个子区域有限元矩阵的逆乘上整个区域分解有限元法的矩阵，将原问题转化为对子区域交界面上黏合变量的求解，这样不仅降低了最终求解的矩阵维度，而且改善了此前方法的收敛性，并且可以利用周期性结构的周期性特点[75]，降低计算时间和计算内存。该方法已成功应用于阵列天线、光子带隙和电磁带隙目标的仿真。尽管上述区域分解有限元方法已经初步具备求解大规模电磁问题的能力，但对于复杂的电磁散射辐射问题，仍然存在收敛性差的问题。随后，Z. Q. Lü 根据该区域分解方法最终系统矩阵的形式，提出了一种对称超松弛（symmetric successive overrelaxation，SSOR）预条件[76-77]，数值实验表明该预条件能够有效地提高基于辅助变量的施瓦兹型区域分解有限元方法的收敛性，并且具有良好的数值可扩展性。然而上述预条件的实现类似于 LU 分解，并行实现困难，限制了该区域分解有限元方法的计算能力。为了获得收敛性好，而且易于并行的施瓦兹型区域分解有限元方法，计算电磁学者开始将目光转向子区域交界面的传输条件。之前研究者们采用的 Robin 型传输条件都是一阶的，只对传输模式波有收敛效果，而对倏逝模式波不起作用。为此，电磁学者 Z. Peng 逐步在交界面上采用了二阶传输条件[78-81]，在保留高效并行性的基础上，彻底地提高了施瓦兹型区域分解有限元方法的收敛性，使其成为一种较为成熟的计算现实电磁工程问题的方法，可用于大尺度阵列天线的辐射计算，频率选择表面的参数计算，以及天线与天线罩的电磁兼容性仿真等。

伴随施瓦兹型区域分解有限元方法的发展，另一种撕裂对接型区域分解有限元方法也在不断地进步。该类方法首先在力学和声学领域被提出并获得了成功应用。1991 年，C. Farhat 针对结构力学中的梁弯曲问题，根据混合变分原理，提出了有限元撕裂对接方法[63]。该算法利用拉格朗日乘子满足子区域之间的连续性条件，具有良好的并行计算可扩展能力，因此很快引起了众多学者的关注。大约在 2000 年，C. Farhat 将 FETI 算法推广到声学[64]。随后，C. Farhat 在 FETI 算法的基础上又进一步提出了基于对偶—原始变量的有限元撕裂对接方法(dual－primal finite element tearing and interconnecting，FETI－DP)[65-66]，它同时利用拉格朗日乘子和子区域之间的连接角点来满足连续性条件。经理论和数值实验证明，C. Farhat 提出的 FETI－DP 算法相对于网格尺寸、子区域大小、子区域数目都具有良好的可扩展性，并且适合在并行环境下解决大型问题。这种 FETI 型区域分解有限元方法由 C. T. Wolfe 于 2000 年首次引入电磁场领域，用于求解矢量波动方程[82]。该 FETI 型区域分解有限元方法采用 PML 截断求解域，而且进行了并行实现。随后由 Y. Li 成功实现了电磁领域的 FETI－DP 型区域分解有限元方法[83]，并通过在子区域交界面引入 Robin 型传输条件进一步提高了该区域分解有限元方法的数值可扩展性[84]，使其成为一种计算复杂电大目标电磁场问题的有效工具。上述 FETI－DP 型区域分解有限元方法是一种共形区域分解算法，它需要子区域交界面的网格相互匹配，这无疑增加了模型前处理的难度。随后，经过 M. F. Xue 的努力，通过将交界面上引入的对偶变量使用基函数展开和将拐角处的原始变量分为主从两类，而成功实现了两种非共形 FETI－DP 型区域分解有限元方法[85]，一种基于拉格朗日乘子，另一种基于辅助黏合变量。这两种方法巧妙地实现了非共形网格交界面的耦合和非共形全局变量的处理[86]。此外，他还提出了一种基于矩阵分解的代数预条件，来提高该方法的收敛性和数值的可扩展性[87]。

1.3.2 非重叠型区域分解边界积分方法

在有限元方法引入区域分解思想而大获成功后，电磁学家着手将该思想应用于基于边界积分方程的方法，主要为了解决边界积分方法在计算电大多尺度复杂目标时遇到的收敛性差的难题。在非重叠型区域分解有限元方法研究上取得突出成就的 Z. Peng 博士，于 2011 年提出了一种基于体分解的区域分解边界积分方法（integral equation based domain decomposition method，IE－DDM），用于纯金属多尺度目标散射问题的计算[88]。概括来讲，该方法的思路为：首先引入人为交界面将整个金属目标体分解为若干非重叠的体子区域，然后在交界面上引入辅助电流使每个子区域都产生一个闭合的表面，并用边界积分方程表示，此外，在子区域交界面上采用合适的边界条件来满足连续性条件。随后 Z. Peng 进一步将该方法拓展到分段均匀介质体散射问题[89]中，并由 X. C. Wang 用于实现多求解器技术[90]。电子科技大学的胡俊教授课题组对该方法进行了跟踪研究，对该类方法进行了改进，用于计算薄金属腔体电磁散射问题和多层介质目标散射问题等[91－92]。

然而，对于纯金属目标和均匀介质目标，该类基于体分解的区域分解边界积分方法有一个本质性缺点，即人为交界面。该人为交界面不仅增加了区域划分的难度，而且由于在人为交界面上引入的变量而大大增加了额外的未知数。针对这一问题，Z. Peng 等进一步提出了一种基于面分解的区域分解边界积分方法[93]。该方法不需要人为交界面，可直接将金属目标的外表面分解为若干不闭合的子区域，在子区域之间的交接边界线上引入电流连续性条件来保证解的唯一性。该方法不需要每个子区域都是闭合面，可以通过成熟的商业软件进行区域划分，因此具有适用于高性能并行计算的巨大潜力。随后，Z. Peng 在子区域边界线上增加了一种新颖的非对称的传输条件，用于改善上述基于面分解的区域分解边界积分方法的矩阵性态，并提出了一种由方程主对角线上子区域矩阵块构造的施瓦兹型预条件[94]。数值实验表明，该方法对规则边界划分和不规则锯齿形边界划分都具有很好的收敛性。此外，频率和子区域的增多都不会引起收敛性恶化，展现出非常优秀的可扩展性。该方法已经用于极具挑战性的电特大多尺度金属目标电磁散射问题的计算，如载有多种飞机的舰船模型计算。

参 考 文 献

[1] Stratton J A. Electromagnetic Theory [M]. New York: McGraw-Hill, 1941.

[2] 盛新庆. 电磁理论、计算、应用 [M]. 北京：高等教育出版社，2016.

[3] Harrington R F. Time-Harmonic Electromagnetic Fields [M]. New York: McGraw-Hill, 1961.

[4] Peterson A F, Ray S L, Mittra R, et al. Computational Methods for Electromagnetics [M]. New York: IEEE Press, 1997.

[5] 盛新庆. 计算电磁学要论 [M]. 合肥：中国科学技术大学出版社，2008.

[6] Bhattacharyya A K. High-Frequency Techniques: Recent Advance and Applications [M]. New York: John Wiley&Sons, 1995.

[7] Yee K S. Numerical Solution of Initial Boundary Value Problems Involving Maxwell's Equations in Isotropic Media [J]. IEEE Trans. Antennas Propagat., 1966, 14: 302-307.

[8] Taflove A, Hagness S C. Computational Electrodynamics: The Finite-

Difference Time-Domain Method [M]. Boston: Artech House, 2005.

[9] Silvester P. A General High-Order Finite-Element Waveguide Analysis Program [J]. IEEE Trans. Microw. Theory Tech., 1969, 17 (4): 204 - 210.

[10] Jin J M. The Finite Element Method in Electromagnetics [M]. 2nd ed. New York: John Wiley&Sons, 2002.

[11] Harrington R F. Field Computation by Moment Methods [M]. New York: McGraw-Hill, 1968.

[12] Schaubert D, Wilton D, Glisson A. A Tetrahedral Modeling Method for Electromagnetic Scattering by Arbitrarily Shaped Inhomogeneous Dielectric Bodies [J]. IEEE Trans. Antennas Propagat., 1984, 32 (1): 77 - 85.

[13] Millard X, Liu Q H. A Fast Volume Integral Equation Solver for Electromagnetic Scattering from Large Inhomogeneous Objects in Planarly Layered Media [J]. IEEE Trans. Antennas Propagat., 2003, 51 (9): 2393 - 2401.

[14] 彭朕. 合元极技术及其应用 [D]. 北京: 中国科学院电子学研究所, 2008.

[15] Peterson A F. Absorbing Boundary Conditions for the Vector Wave Equation [J]. Microwave Opt. Technol. Lett., 1988, 1 (2): 62 - 64.

[16] Webb J P, Kanellopoulos V N. Absorbing Boundary Conditions for The Finite Element Solution of the Vector Wave Equation [J]. Microwave Opt. Technol. Lett., 1989, 2 (10): 370 - 372.

[17] Chatterjee A, Jin J M, Volakis J L. Edge-Based Finite Elements and Vector ABC Applied to 3D Scattering [J]. IEEE Trans. Antennas Propagat., 1993, 41 (2): 221 - 226.

[18] Botha M M, Davidson D B. Rigorous, Auxiliary Variable-Based

Implementation of a Second-Order ABC for the Vector FEM [J]. IEEE Trans. Antennas Propagat., 2006, 54 (11): 3499-3504.

[19] Berenger J P. A Perfectly Matched Layers for the Absorption of Electromagnetic Waves [J]. J. Comput. Phys., 1994, 114 (2): 185-200.

[20] Sacks Z S, Kingsland D M, Lee R, et al. A Perfectly Matched Anisotropic Absorber for Use as an Absorbing Boundary Condition [J]. IEEE Trans. Antennas Propagat., 1995, 43 (12): 1460-1463.

[21] Marin S P. Computing Scattering Amplitudes for Arbitrary Cylinders Under Incident Plane Waves [J]. IEEE Trans. Antennas Propagat., 1982, 30 (6): 1045-1049.

[22] Jin J M, Liepa V V. Application of Hybrid Finite Element Method to Electromagnetic Scattering from Coated Cylinders [J]. IEEE Trans. Antennas Propagat., 1988, 36 (1): 50-54.

[23] Jin J M, Liepa V V. A Note on Hybrid Finite Element Method for Solving Scattering Problems [J]. IEEE Trans. Antennas Propagat., 1988, 36 (10): 1486-1490.

[24] Gong Z, Glisson A W. A Hybrid Equation Approach for The Solution of Electromagnetic Scattering Problems Involving Two-Dimensional Inhomogeneous Dielectric Cylinders [J]. IEEE Trans. Antennas Propagat., 1990, 38 (1): 60-68.

[25] Yuan X, Lynch D R, Strohbehn J W. Coupling of Finite Element and Moment Methods for Electromagnetic Scattering from Inhomogeneous Objects [J]. IEEE Trans. Antennas Propagat., 1990, 38 (3): 386-393.

[26] Paulsen K D, Lynch D R. Three-dimensional Finite, Boundary, and Hybrid Element Solutions of the Maxwell Equations for Lossy

Dielectric Media [J]. IEEE Trans. Microw. Theory Tech., 1988, 36 (4): 682-693.

[27] Yuan X. Three-Dimensional Electromagnetic Scattering from Inhomogeneous Objects by The Hybrid Moment and Finite Element Method [J]. IEEE Trans. Microw. Theory Tech., 1990, 38 (8): 1053-1058.

[28] Jin J M, Volakis J L. A Hybrid Finite Element Method for Scattering and Radiation by Microstrip Patch Antennas and Arrays Residing in a Cavity [J]. IEEE Trans. Antennas Propagat., 1991, 39 (11): 1598-1604.

[29] Angelini J J, Soize C, Soudais P. Hybrid Numerical Method for Harmonic 3D Maxwell Equations: Scattering by a Mixed Conducting and Inhomogeneous Anisotropic Dielectric Medium [J]. IEEE Trans. Antennas Propagat., 1993, 41 (1): 66-76.

[30] Boyes W E, Seidl A A. A Hybrid Finite Element Method for 3D Scattering Using Nodal and Edge Elements [J]. IEEE Trans. Antennas Propagat., 1994, 42 (10): 1436-1442.

[31] Antilla G E, Alexopoulos N G. Scattering from Complex Three Dimensional Geometries by a Curvilinear Hybrid Finite-Element Integral Equation Approach [J]. J. Opt. Soc. Amer. A, 1994, 11 (4): 1445-1457.

[32] Eibert T, Hansen V. Calculation of Unbounded Field Problems in Free Space by a 3D FEM/BEM-Hybrid Approach [J]. J. Electromagn. Waves Appl., 1996, 10 (1): 61-77.

[33] Cwik T, Zuffada C, Jamnejad V. Modeling Three-Dimensional Scatterers Using a Coupled Finite Element-Integral Equation Formulation [J]. IEEE Trans. Antennas Propagat., 1996, 44 (4): 453-459.

[34] Rokhlin V. Rapid Solution of Integral Equations of Scattering Theory in Two Dimensions [J]. J. Comput. Phys., 1990, 86 (2): 414 - 439.

[35] Engheta N, Murphy W D, Rokhlin V, et al. The Fast Multipole Method (FMM) for Electromagnetic Scattering Problems [J]. IEEE Trans. Antennas Propagat., 1992, 40 (6): 634 - 641.

[36] Coifman R, Rokhlin V, Wandzura S. The Fast Multipole Method for the Wave Equation: A Pedestrian Prescription [J]. IEEE Antennas Propagat. Mag., 1993, 35 (3): 7 - 12.

[37] Song J M, Chew W C. Multilevel Fast-Multipole Algorithm for Solving Combined Field Integral Equations of Electromagnetic Scattering [J]. Microwave Opt. Technol. Lett., 1995, 10 (1): 14 - 19.

[38] Song J, Lu C C, Chew W C. Multilevel Fast Multipole Algorithm for Electromagnetic Scattering by Large Complex Objects [J]. IEEE Trans. Antennas Propagat., 1997, 45 (10): 1488 - 1493.

[39] Sheng X Q, Jin J M, Song J, et al. Solution of Combined-Field Integral Equation Using Multilevel Fast Multipole Algorithm for Scattering by Homogeneous Bodies [J]. IEEE Trans. Antennas Propagat., 1998, 46 (11): 1718 - 1726.

[40] Lu N, Jin J M. Application of Fast Multipole Method to Finite-Element Boundary-Integral Solution of Scattering Problems [J]. IEEE Trans. Antennas Propagat., 1996, 44 (6): 781 - 786.

[41] Sheng X Q, Jin J M, Song J M, et al. On the Formulation of Hybrid Finite-Element Boundary-Integral Methods for 3D Scattering [J]. IEEE Trans. Antennas Propagat., 1998, 46 (3): 303 - 311.

[42] Liu J, Jin J M. A Novel Hybridization of Higher Order Finite Element and Boundary Integral Methods for Electromagnetics

Scattering and Radiation Problems [J]. IEEE Trans. Antennas Propagat., 2001, 49 (12): 1794 - 1806.

[43] Liu J, Jin J M. Scattering Analysis of a Large Body with Deep Cavities [J]. IEEE Trans. Antennas Propagat., 2003, 51 (6): 1157 - 1167.

[44] Peng Z, Sheng X Q. A Flexible and Efficient Higher Order FE-BIMLFMA for Scattering by a Large Body with Deep Cavities [J]. IEEE Trans. Antennas Propagat., 2008, 56 (7): 2031 - 2042.

[45] Yang M L, Sheng X Q. Parallel High-Order FE-BI-MLFMA for Scattering by Large and Deep Coated Cavities Loaded with Obstacles [J]. J. Electromagn. Waves Appl., 2009, 23 (13): 1813 - 1823.

[46] Yang M L, Sheng X Q. Hybrid h-and p-Type Multiplicative Schwarz (h-p-MUS) Preconditioned Algorithm of Higher-Order FE-BI-MLFMA for 3D Scattering [J]. IEEE Trans. Mag., 2012, 48 (2): 187 - 190.

[47] Ergul O, Gurel L. Efficient Parallelization of the Multilevel Fast Multipole Algorithm for the Solution of Large-Scale Scattering Problems [J]. IEEE Trans. Antennas Propagat., 2008, 56 (8): 2335 - 2345.

[48] Pan X M, Sheng X Q. A Sophisticated Parallel MLFMA for Scattering by Extremely Large Targets [EM Programmer's Notebook] [J]. IEEE Antennas Propagat. Mag., 2008, 50 (3): 129 - 138.

[49] Ergul O, Gurel L. A Hierarchical Partitioning Strategy for an Efficient Parallelization of the Multilevel Fast Multipole Algorithm [J]. IEEE Trans. Antennas Propagat., 2009, 57 (6): 1740 - 1750.

[50] Pan X M, Pi W C, Yang M L, et al. Solving Problems with Over one Billion Unknowns by the MLFMA [J]. IEEE Trans. Antennas Propagat., 2012, 60 (5): 2571-2574.

[51] Sheng X Q, Yung E K N. Implementation and Experiments of a Hybrid Algorithm of The MLFMA-Enhanced FE-BI Method for Open-Region Inhomogeneous Electromagnetic Problems [J]. IEEE Trans. Antennas Propagat., 2002, 50 (2): 163-167.

[52] Peng Z, Sheng X Q, Yin F. An Efficient Twofold Iterative Algorithm of FE-BI-MLFMA Using Multilevel Inverse-Based ILU Preconditioning [J]. Prog. Electromagn. Res. PIER, 2009, 93: 369-384.

[53] Liu J, Jin J M. A Highly Effective Preconditioner for Solving the Finite Element-Boundary Integral Matrix Equation for 3D Scattering [J]. IEEE Trans. Antennas Propagat., 2002, 50 (9): 1212-1221.

[54] Stupfel B. A Hybrid Finite Element and Integral Equation Domain Decomposition Method for The Solution of The 3D Scattering Problem [J]. J. Comput. Phys., 2001, 172 (1): 451-471.

[55] Vouvakis M N, Zhao K, Seo S M, et al. A Domain Decomposition Approach for Non-Conformal Couplings Between Finite and Boundary Elements for Electromagnetic Scattering Problems in R3 [J]. J. Comput. Phys., 2007, 225 (1): 975-994.

[56] Hu F G, Wang C F. Preconditioned Formulation of FE-BI Equations with Domain Decomposition Method for Calculation of Electromagnetic Scattering from Cavities [J]. IEEE Trans. Antennas Propagat., 2009, 57 (8): 2506-2511.

[57] Yang M L, Gao H W, Sheng X Q. Parallel Domain-Decomposition-Based Algorithm of Hybrid FE-BI-MLFMA Method for 3D Scattering

by Large Inhomogeneous Objects [J]. IEEE Trans. Antennas Propagat., 2013, 61 (9): 4675 – 4684.

[58] Yang M L, Gao H W, Sheng X Q. An Effective Domain-Decomposition-Based Preconditioner for the FE-BI-MLFMA Method for 3D Scattering Problems [J]. IEEE Trans. Antennas Propagat., 2014, 62 (4): 2263 – 2268.

[59] 杨明林. 多极子与区域分解型高效电磁计算算法及其应用 [D]. 北京: 北京理工大学, 2014.

[60] Toselli A, Widlund O. Decomposition Methods-Algorithms and Theory [M]. Berlin: Springer, 2005.

[61] 吕涛, 石济民, 林振宝. 区域分解算法 [M]. 北京: 科学出版社, 1992.

[62] Mandel J. Iterative Solvers by Substructuring for the P-Version Finite Element Method [J]. Comput. Methods Appl. Mech. Eng., 1990, 80 (1/2/3): 117 – 128.

[63] Farhat C, Roux F X. A Method of Finite Element Tearing and Interconnecting and Its Parallel Solution Algorithm [J]. Int. J. Numer. Methods Eng., 1991, 32 (6): 1205 – 1227.

[64] Farhat C, Macedo A, Lesoinne M, et al. Two-level Domain Decomposition Methods with Lagrange Multipliers for The Fast Iterative Solution of Acoustic Scattering Problems [J]. Comput. Methods Appl. Mech. Eng., 2000, 184 (2/3/4): 213 – 239.

[65] Farhat C, Lesoinne M, LeTallec P, et al. FETI-DP: A Dual-Primal Unified FETI Method—Part I: a Faster Alternative to The Two-Level FETI Method [J]. Int. J. Numer. Methods Eng., 2001, 50 (7): 1523 – 1544.

[66] Farhat C, Avery P, Tezaur R, et al. FETI-DPH: A Dual-Primal Domain Decomposition Method for Acoustic Scattering [J]. J.

Comput. Acoust., 2005, 13 (3): 499 –524.

[67] Lu Y J, Shen C Y. A Domain Decomposition Finite-Difference Method for Parallel Numerical Implementation of Time-dependent Maxwell's Equations [J]. IEEE Trans. Antennas Propagat., 1997, 45 (3): 556 –562.

[68] 许峰. 区域分解时域有限差分方法及其应用 [D]. 南京: 东南大学, 2002.

[69] He G Q, Shao W, Wang X H, et al. A Efficient Domain Decomposition Laguerre-FDTD Method for Two-Dimensional Scattering Problems [J]. IEEE Trans. Antennas Propagat., 2013, 61 (5): 2639 –2645.

[70] Després B, Joly P, Roberts JE. A Domain Decomposition Method for the Harmonic Maxwell Equations [C]. Iterative Methods in Linear Algebra. Amsterdam: Elsevier, 1992: 475 –484.

[71] Stupfel B. A Fast-Domain Decomposition Method for the Solution of Electromagnetic Scattering by Large Objects [J]. IEEE Trans. Antennas Propagat., 1996, 44 (10): 1375 –1385.

[72] Stupfel B, Mognot M. A Domain Decomposition Method for the Vector Wave Equation [J]. IEEE Trans. Antennas Propagat., 2000, 48 (5): 653 –660.

[73] Lee S C, Vouvakis M N, Lee J F. A Non-Overlapping Domain Decomposition Method with Non-Matching Grids for Modeling Large Finite Antenna Arrays [J]. J. Comput. Phys., 2005, 203 (1): 1 –21.

[74] Vouvakis M N, Cendes Z, Lee J F. A FEM Domain Decomposition Method for Photonic and Electromagnetic Band Gap Structures [J]. IEEE Trans. Antennas Propagat., 2006, 54 (2): 721 –733.

[75] Zhao K, Rawat V, Lee J F, et al. A Domain Decomposition

Method with Non-Conformal Meshes for Finite Periodic and Semi-Periodic Structures [J]. IEEE Trans. Antennas Propagat., 2007, 55 (9): 2559 - 2570.

[76] 吕志清. 电大尺寸电磁散射问题的区域分解快速算法研究 [D]. 南京: 东南大学, 2007.

[77] Lü Z Q, An X, Hong W. A Fast Domain Decomposition Method for Solving Three-Dimensional Large-Scale Electromagnetic Problems [J]. IEEE Trans. Antennas Propagat., 2008, 56 (8): 2200 - 2210.

[78] Peng Z, Rawat V, Lee J F. One Way Domain Decomposition Method with Second Order Transmission Conditions for Solving Electromagnetic Wave Problems [J]. J. Comput. Phys., 2010, 229: 1181 - 1197.

[79] Peng Z, Lee J F. Non-conformal Domain Decomposition Method with Second-Order Transmission Conditions for Time-Harmonic Electromagnetics [J]. J. Comput. Phys., 2010, 229: 5615 - 5629.

[80] Peng Z, Lee J F. Non-Conformal Domain Decomposition Method with Mixed True Second Order Transmission Condition for Solving Large Finite Antenna Arrays [J]. IEEE Trans. Antennas Propagat., 2011, 59 (5): 1638 - 1651.

[81] Peng Z, Lee J F. A Scalable Nonoverlapping and Nonconformal Domain Decomposition Method for Solving Time-Harmonic Maxwell equations in R3 [J]. SIAM J. Sci. Comput., 2012, 34 (3): 1266 - 1295.

[82] Wolfe C T, Navsariwala U, Gedney S D. A Parallel Finite - Element Tearing and Interconnecting Algorithm for Solution of the Vector Wave Equation with PML Absorbing Medium [J]. IEEE Trans. Antennas Propagat., 2000, 48 (2): 278 - 284.

[83] Li Y, Jin J M. A Vector Dual-Primal Finite Element Tearing and Interconnecting Method for Solving 3D Large-Scale Electromagnetic Problems [J]. IEEE Trans. Antennas Propagat., 2006, 54 (10): 3000-3009.

[84] Li Y J, Jin J M. A New Dual-Primal Domain Decomposition Approach for Finite Element Simulation of 3D Large-Scale Electromagnetic Problems [J]. IEEE Trans. Antennas Propagat., 2007, 55 (10): 2803-2810.

[85] Xue M F, Jin J M. Nonconformal FETI-DP Methods for Large-Scale Electromagnetic Simulation [J]. IEEE Trans. Antennas Propagat., 2012, 60 (9): 4291-4305.

[86] Xue M F, Jin J M. A Hybrid Conformal/Nonconformal Domain Decomposition Method for Multi-Region Electromagnetic Modeling [J]. IEEE Trans. Antennas Propagat., 2014, 62 (4): 2009-2021.

[87] Xue M F, Jin J M. A Preconditioned Dual-Primal Finite Element Tearing and Interconnecting Method for Solving Three-Dimensional Time-Harmonic Maxwell's Equations [J]. J. Comput. Phys., 2014, 274 (1): 920-935.

[88] Peng Z, Wang X C, Lee J F. Integral Equation Based Domain Decomposition Method for Solving Electromagnetic Wave Scattering from Non-Penetrable Objects [J]. IEEE Trans. Antennas Propagat., 2011, 59 (9): 3328-3338.

[89] Peng Z, Lim K H, Lee J F. Computations of Electromagnetic Wave Scattering from Penetrable Composite Targets Using a Surface Integral Equation Method with Multiple Traces [J]. IEEE Trans. Antennas Propagat., 2013, 61 (1): 256-270.

[90] Wang X C, Peng Z, Lim K H, et al. Multisolver Domain Decomposition

Method for Modeling EMC Effects of Multiple Antennas on a Large Air Platform [J]. IEEE Trans. Electromagn. Compat., 2012, 54 (2): 375-388.

[91] Hu J, Zhao R, Tian M, et al. Domain decomposition Method Based on Integral Equation for Solution of Scattering from Very Thin, Conducting Cavity [J]. IEEE Trans. Antennas Propagat., 2014, 62 (10): 5344-5348.

[92] Jiang M, Hu J, Tian M, et al. Solving Scattering by Multilayer Dielectric Objects Using JMCFIE-DDM-MLFMA [J]. IEEE Antennas Wire. Propag. Lett., 2014, 13: 1132-1135.

[93] Peng Z, Lim K H, Lee J F. A Discontinuous Galerkin Surface Integral Equation Method for Electromagnetic Wave Scattering from Nonpenetrable Targets [J]. IEEE Trans. Antennas Propagat., 2013, 61 (7): 3617-3628.

[94] Peng Z, Hiptmair R, Shao Y, et al. Domain Decomposition Preconditioning for Surface Integral Equations in Solving Challenging Electromagnetic Scattering Problems [J]. IEEE Trans. Antennas Propagat., 2016, 64 (1): 210-223.

第 2 章
合元极方法的理论基础及数学公式

2.1 引　　言

合元极方法是计算电磁学中一种混合型全波数值方法，全称为混合有限元、边界积分和多层快速多极子算法（the hybrid finite element - boundary integral - multilevel fast multipole algorithm，FE - BI - MLFMA）。顾名思义，合元极方法是有限元方法和边界积分方法的混合，并借助多层快速多极子算法，加速求解过程中矩阵与矢量的相乘运算。因此，合元极方法不仅具有有限元方法易于模拟各向异性、非均匀材料的优点，而且具有边界积分方程可准确截断计算空间的优势，可谓是一种通用、精确和高效的方法，非常适用于求解电磁场中的开域问题，如散射、辐射等问题。然而，合元极方法也不是尽善尽美的方法，其产生的原始矩阵是部分稀疏部分稠密的，条件数非常大，因此迭代求解时收敛性很差，甚至对于复杂无耗问题不能收敛到理想的精度。因此，在合元极方法提出之后，基于最初的矩阵，电磁学者先后提出了多种优化的求解算法。本章将简要介绍合元极方法的理论基础和数学公式，从有限元方法、边界积分方法、多层快速多极子算法引入，然后给出合元极方法的数学公式，最后介绍几种具有代表性的优化求解算法。

2.2　合元极方法的理论基础

2.2.1　三维电磁场有限元方法

有限元方法是一种用于求解微分方程的数值技术，其最初起源于土木工程和航空工程中的弹性和结构分析问题的研究，随后在流体力学和结构力学中获得了迅速的发展。而有限元方法在电磁学中的应用相对较晚，最早将有限元方法用于解决电磁场问题的是 P. P. Silvester。他于 1969 年将其用于求解金属波导的本征值问题[1]。随后，围绕求解电磁学中的各种实际问题，如波导本征值问题，谐振腔问题，不连续性问题，电磁学者对电磁学中的有限元方法进行了深入的研究，发展出各种各样的泛函表达式。下面以三维散射问题为例介绍求解麦克斯韦微分方程的三维有限元方法。

如前所述，有限元方法的优势是可以处理各向异性、不均匀的材料，因此，这里考虑一个具有任意形状、不均匀材料目标的散射问题，该目标由理想电导体、理想磁导体和不均匀介质体组成，其材料的相对介电常数和相对磁导率分别表示为 ε_r 和 μ_r，该散射问题中电场 $\boldsymbol{E}$ 和磁场 $\boldsymbol{H}$ 满足麦克斯韦方程组。为使用有限元方法求解该问题，必须将无限大的计算区域进行截断，否则将导致无穷未知数。在保证有限元方法稀疏性的前提下，通常有两种方法进行截断：吸收边界条件（ABC）和完全匹配吸收层（PML）。与 PML 相比，ABC 只需一个人工边界面 S_{ABC}，然后在该人工边界面上引入电磁场满足的某种关系，因此实施起来更加简单方便。本章将着重介绍使用 ABC 截断计算区域下的三维散射问题（图 2.1）的有限元方法求解过程。

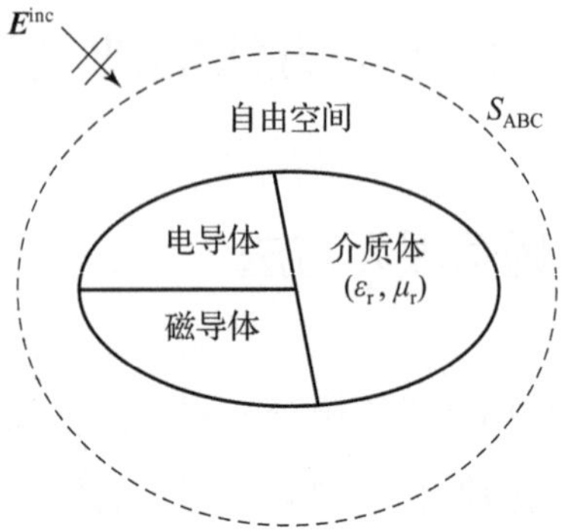

图 2.1 复杂散射体有限元求解示意图

吸收边界条件设立的原则是应尽量使截断面 S_{ABC} 对散射电磁场来说变得透明，经过前人的充分研究，已开发出一阶和二阶两种吸收边界条件，其表达式为

$$\hat{\boldsymbol{n}} \times (\nabla\times\boldsymbol{E}) + \boldsymbol{P}(\boldsymbol{E}) = \hat{\boldsymbol{n}} \times (\nabla\times\boldsymbol{E}^{inc}) + \boldsymbol{P}(\boldsymbol{E}^{inc}) \tag{2.1}$$

其中，$\boldsymbol{E}$ 和 $\boldsymbol{E}^{inc}$ 分别为总电场和入射电场；$\hat{\boldsymbol{n}}$ 为截断面 S_{ABC} 的外单位法向量；$\boldsymbol{P}$ 为一种矢量算子，对于一阶吸收边界条件，$\boldsymbol{P}$ 定义为

$$\boldsymbol{P}(\cdot) = \mathrm{j}k_0\hat{\boldsymbol{n}} \times (\hat{\boldsymbol{n}} \times \bullet) \tag{2.2}$$

对于二阶吸收边界条件，$\boldsymbol{P}$ 变为

$$\boldsymbol{P}(\cdot) = \mathrm{j}k_0\hat{\boldsymbol{n}} \times (\hat{\boldsymbol{n}} \times \cdot) + \beta\nabla\times[\hat{\boldsymbol{n}}(\nabla\times\cdot)_n] + \beta\nabla_t(\nabla_t\cdot\bullet) \tag{2.3}$$

式 (2.3) 中，j 为虚数单位；∇_t 为面梯度算子；β 的取值通常为 $1/(2\mathrm{j}k_0 + \kappa)$；$\kappa$ 为局部表面曲率。

借助吸收边界条件的截断，如图 2.1 所示的散射问题可描述为下面的边值求解问题

$$\begin{aligned} &\nabla\times\frac{1}{\mu_r}\nabla\times\boldsymbol{E} - k_0^2\varepsilon_r\boldsymbol{E} = 0 \quad 在\ V\subset R^3\ 内 \\ &\hat{\boldsymbol{n}}\times\boldsymbol{E} = 0 \quad 在\ S_{PEC}\ 面上 \\ &\hat{\boldsymbol{n}}\times\nabla\times\boldsymbol{E} = 0 \quad 在\ S_{PMC}\ 面上 \\ &\hat{\boldsymbol{n}}\times\nabla\times\boldsymbol{E} + \boldsymbol{P}(\boldsymbol{E}) = \boldsymbol{U}^{inc}\ 在\ S_{ABC}\ 面上 \end{aligned} \tag{2.4}$$

在式 (2.4) 中，k_0 为自由空间中的波数；S_{PEC}、S_{PMC} 和 S_{ABC} 分别为理想电导边界、理想磁导边界和 ABC 截断边界；$\boldsymbol{U}^{\mathrm{inc}} = \hat{\boldsymbol{n}} \times (\nabla \times \boldsymbol{E}^{\mathrm{inc}}) + \boldsymbol{P}(\boldsymbol{E}^{\mathrm{inc}})$。

仿照文献 [2] 推导过程，(2.4) 式表示的边值问题可等效为下列泛函的变分问题

$$F(\boldsymbol{E}) = \frac{1}{2}\iiint_V \frac{1}{\mu_{\mathrm{r}}}(\nabla\times \boldsymbol{E}) \cdot (\nabla\times \boldsymbol{E}) - k_0^2\varepsilon_{\mathrm{r}}\boldsymbol{E} \cdot \boldsymbol{E}\mathrm{d}V + \frac{1}{2}\iint_{S_{\mathrm{ABC}}} (\hat{\boldsymbol{n}} \times \boldsymbol{E}) \cdot (\hat{\boldsymbol{n}} \times \boldsymbol{E})\, \mathrm{d}S + \iint_{S_{\mathrm{ABC}}} \boldsymbol{U}^{\mathrm{inc}} \cdot \boldsymbol{E}\mathrm{d}S \tag{2.5}$$

而且在理想导体表面电场 $\boldsymbol{E}$ 满足

$$\hat{\boldsymbol{n}} \times \boldsymbol{E} = 0 \quad \text{在 } S_{\mathrm{PEC}} \text{面上} \tag{2.6}$$

随后，为了采用数值方法求解方程式 (2.5)，首先用四面体单元将整个计算区域 V 离散，然后在每一个四面体单元内将电场 $\boldsymbol{E}$ 用一组矢量基函数展开，即

$$\boldsymbol{E}^{\mathrm{e}} = \sum_{i=1}^{6} E_i^{\mathrm{e}}\boldsymbol{N}_i^{\mathrm{e}} \tag{2.7}$$

其中，$\boldsymbol{N}_i^{\mathrm{e}} \in H(\mathrm{curl}, V)$ 为一阶矢量旋度共性边缘元基函数；E_i^{e} 为矢量基函数的系数。将式 (2.7) 代入式 (2.5) 将其离散，可以得到该散射问题最终的有限元矩阵方程

$$[\boldsymbol{K}] \cdot \{E\} = \{b\} \tag{2.8}$$

其中，$\boldsymbol{K}$ 为一个稀疏的、对称的矩阵；E 为未知展开系数的向量；b 为激励右端项向量。$\boldsymbol{K}$ 中矩阵元素计算式为

$$K_{m,n} = \iiint_V \frac{1}{\mu_{\mathrm{r}}}(\nabla\times \boldsymbol{N}_m) \cdot (\nabla\times \boldsymbol{N}_n) - k_0^2\varepsilon_{\mathrm{r}}\boldsymbol{N}_m \cdot \boldsymbol{N}_n\mathrm{d}V + \iint_{S_{\mathrm{ABC}}} (\hat{\boldsymbol{n}} \times \boldsymbol{N}_m) \cdot (\hat{\boldsymbol{n}} \times \boldsymbol{N}_n)\mathrm{d}S \tag{2.9}$$

右端项 $\boldsymbol{b}$ 中元素为

$$b_m = -\iint_{S_{\mathrm{ABC}}} \boldsymbol{N}_m \cdot \hat{\boldsymbol{n}} \times (\nabla\times \boldsymbol{E}^{\mathrm{inc}}) + \boldsymbol{N}_m \cdot \boldsymbol{P}(\boldsymbol{E}^{\mathrm{inc}})\mathrm{d}S \tag{2.10}$$

由于 $\boldsymbol{K}$ 矩阵的条件数很大，迭代方法求解很难收敛，因此通常采用直接方法求解方程式（2.8），目前比较常用的方法有不完全 LU 分解方法（ILU）和多波前方法（MUMPS）等。通过求解可以得到所有基函数的展开系数$\{E\}$，然后借助于（2.7）式获得计算区域内任意位置处的电场值。

2.2.2 三维电磁场边界积分方法

边界积分方法是基于边界积分方程，采用矩量法（MoM）进行离散求解的方法，通常又称矩量法。边界积分方程基于面等效原理，借助格林函数，将电磁问题转化为只与目标表面相关的电磁方程。因此，该方法只适用于材料均匀目标或分层均匀目标。尽管其适用范围有限，但其只需对目标表面进行几何离散，未知量数目相对于微分方程方法少很多，而且自动满足辐射边界条件，因此计算精度较高，具有求解电大尺寸电磁开域问题的潜在优势。自 1968 年 R. F. Harrington 提出该方程以来[3]，受到电磁学者的广泛关注并获得蓬勃发展。仔细观察边界积分方法的发展过程可以看出，其起于开域问题，也是成于开域问题。下面以求解三维金属目标的散射问题为例来简述该方法。

考虑外表面为 S 的任意形状理想金属（PEC）目标在电磁波($\boldsymbol{E}^{\text{inc}}$，$\boldsymbol{H}^{\text{inc}}$)入射下的散射问题，如图 2.2 所示。

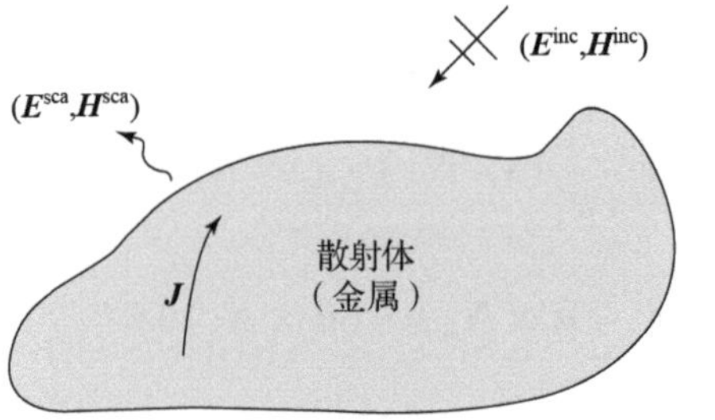

图 2.2 理想金属目标散射问题描述

在电磁波照射下，金属目标表面将产生感应电流 $\boldsymbol{J}$，该电流将作为二次辐射源辐射出电磁场。自由空间任意位置 $\boldsymbol{r}$ 处的散射电场 $\boldsymbol{E}^{\mathrm{sca}}$ 可表达为

$$\boldsymbol{E}^{\mathrm{sca}}(\boldsymbol{r}) = \mathrm{j}\omega\mu_0\int_S g(\boldsymbol{r},\boldsymbol{r}')\boldsymbol{J}(\boldsymbol{r}')\mathrm{d}S - \frac{1}{\mathrm{j}\omega\varepsilon_0}\nabla\int_S g(\boldsymbol{r},\boldsymbol{r}')\,\nabla'\cdot\boldsymbol{J}(\boldsymbol{r}')\,\mathrm{d}S \tag{2.11}$$

散射磁场 $\boldsymbol{H}^{\mathrm{sca}}$ 可表达为

$$\boldsymbol{H}^{\mathrm{sca}}(\boldsymbol{r}) = \int_S \nabla\times[g(\boldsymbol{r},\boldsymbol{r}')\boldsymbol{J}(\boldsymbol{r}')]\mathrm{d}S \tag{2.12}$$

式（2.11）和式（2.12）中，$g(\boldsymbol{r},\boldsymbol{r}') = \mathrm{e}^{\mathrm{j}k|\boldsymbol{r}-\boldsymbol{r}'|}/4\pi|\boldsymbol{r}-\boldsymbol{r}'|$ 为自由空间中标量格林函数；$\boldsymbol{r}$ 表示观察点位置；$\boldsymbol{r}'$ 为目标表面电流源位置；ω 为角频率；ε_0 和 μ_0 分别为自由空间中的相对介电常数和相对磁导率。

根据电磁场规律，对于理想导体目标，目标表面任意位置处的总电场和总磁场应满足如下边界条件

$$\hat{\boldsymbol{t}}\cdot[\boldsymbol{E}^{\mathrm{sca}}(\boldsymbol{r}) + \boldsymbol{E}^{\mathrm{inc}}(\boldsymbol{r})] = 0 \tag{2.13}$$

$$\hat{\boldsymbol{n}}\times[\boldsymbol{H}^{\mathrm{sca}}(\boldsymbol{r}) + \boldsymbol{H}^{\mathrm{inc}}(\boldsymbol{r})] = \boldsymbol{J}(\boldsymbol{r}) \tag{2.14}$$

式（2.13）和式（2.14）中，$\hat{\boldsymbol{t}}$ 为理想导体表面的切向单位矢量；$\hat{\boldsymbol{n}}$ 为理想导体表面的外法向单位矢量。随后，将式（2.11）代入式（2.13）可得到如下方程

$$\mathrm{j}\omega\mu_0\hat{\boldsymbol{t}}\cdot\int_S g(\boldsymbol{r},\boldsymbol{r}')\boldsymbol{J}(\boldsymbol{r}')\mathrm{d}S - \frac{1}{\mathrm{j}\omega\varepsilon_0}\hat{\boldsymbol{t}}\cdot\nabla\int_S g(\boldsymbol{r},\boldsymbol{r}')\,\nabla'\cdot\boldsymbol{J}(\boldsymbol{r}')\,\mathrm{d}S = -\hat{\boldsymbol{t}}\cdot\boldsymbol{E}^{\mathrm{inc}}(\boldsymbol{r}) \quad \boldsymbol{r}\in S \tag{2.15}$$

因为该方程由导体表面电场关系得到，因此将其命名为电场积分方程（EFIE）。同理，若将式（2.12）代入式（2.14）便可得到磁场积分方程（MFIE），即

$$\boldsymbol{J}(\boldsymbol{r}) - \hat{\boldsymbol{n}}\times\nabla\times\int_S g(\boldsymbol{r},\boldsymbol{r}')\boldsymbol{J}(\boldsymbol{r}')\,\mathrm{d}S = \hat{\boldsymbol{n}}\times\boldsymbol{H}^{\mathrm{inc}}(\boldsymbol{r}) \quad \boldsymbol{r}\in S \tag{2.16}$$

电场积分方程和磁场积分方程都可用来分析封闭理想导体的电磁散射及辐射问题。然而，对于任意封闭导体，都存在电场及磁场的谐振频率。当工作频率处于电场谐振频率附近时，电场积分方程不能给

出正确解。同理，当工作频率处于磁场谐振频率附近时，磁场积分方程也会失效。但是，封闭导体的电场及磁场的谐振频率总是互相分离的，为了避免电场和磁场的内部谐振问题，可以采用电场积分方程式（2.15）与磁场积分方程式（2.16）线性相加的混合场积分方程（CFIE），即

$$\alpha \text{EFIE} + (1-\alpha)\eta_0 \text{MFIE} \tag{2.17}$$

式中，α 为混合系数，介于0与1之间；$\eta_0=\sqrt{\mu_0/\varepsilon_0}$为自由空间中的波阻抗，它的引入是为了使 EFIE 部分与 MFIE 部分具有相同的量纲。使用混合场积分方程可以避免电场和磁场的内部谐振问题，同时，混合积分方程的条件数很小，可以使所求问题快速收敛。因此，混合积分方程是研究封闭导体结构电磁散射和辐射问题的首选方程。

对于式（2.15）和式（2.16）所示的积分方程，将采用矩量法将其离散为矩阵方程再进行求解。根据矩量法原理，首先应选择一组有效的基函数对未知电流 $\boldsymbol{J}$ 进行离散表示。到目前为止，由 S. M. Rao、D. R. Wilton、A. W. Glission 在 1982 年提出的基于三角形网格单元的基函数[4]因简单且适用于任意形状表面而被广泛使用，后被称为 RWG 基函数。RWG 基函数的定义式为

$$\boldsymbol{f}_n^S(\boldsymbol{r})=\begin{cases}\dfrac{l_n}{2A_n^+}\boldsymbol{\rho}_n^+=\dfrac{l_n}{2A_n^+}(\boldsymbol{r}-\boldsymbol{r}_{no}^+) & \boldsymbol{r}\in T_n^+\\[2ex] \dfrac{l_n}{2A_n^-}\boldsymbol{\rho}_n^-=\dfrac{l_n}{2A_n^-}(\boldsymbol{r}_{no}^- -\boldsymbol{r}) & \boldsymbol{r}\in T_n^-\\[2ex] 0 & \text{其他}\end{cases} \tag{2.18}$$

上述基函数定义在一个三角形对 T_n^+ 和 T_n^- 之上，与一个内边（公共边）联系在一起，如图 2.3 所示。图中 l_n 为内边的长度，T_n^+ 和 T_n^- 为与其相连的两个三角形，A_n^+ 和 A_n^- 分别为三角形 T_n^+ 和 T_n^- 的面积，$\boldsymbol{\rho}_n^+$ 为 T_n^+ 中由顶点 O^+ 指出的位置矢量，$\boldsymbol{\rho}_n^-$ 为 T_n^- 中由顶点 O^- 指出的位置矢量，$\boldsymbol{r}_{no}^{\pm}$分别为 $O^{\pm}$ 的坐标。

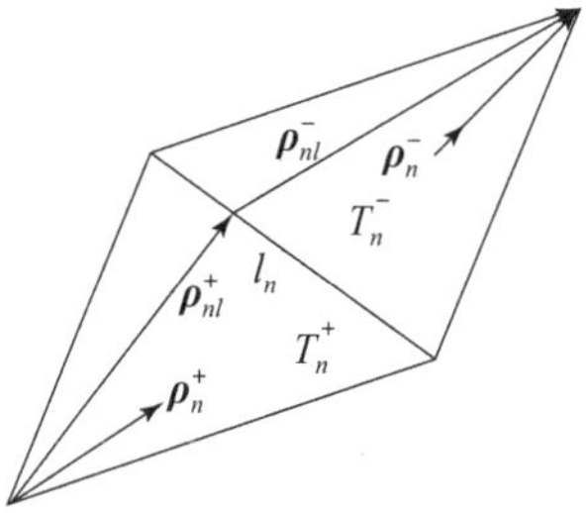

图 2.3　与内边 l_n 相关的三角形对

与面电荷密度相关的基函数的散度可以表示为

$$\nabla \cdot \boldsymbol{f}_n^S(\boldsymbol{r}) = \begin{cases} +l_n/A_n^+ & \boldsymbol{r} \in T_n^+ \\ -l_n/A_n^- & \boldsymbol{r} \in T_n^- \\ 0 & \text{其他} \end{cases} \tag{2.19}$$

RWG 基函数具有非常清晰的物理意义。从其定义式及相应的散度表达式可以清楚地看到：①电流总是沿着三角形对 T_n^+ 和 T_n^- 的边界流动，因此在外边界没有线电荷的存在；②在公共边（内边）l_n 两侧，电流的法向分量连续，因此在内边上也没有电荷积累；③在两个三角形 T_n^+ 和 T_n^- 上，面电荷都是常数，同时总的净电荷为零。

有了基函数，待求面电流 $\boldsymbol{J}$ 便可由基函数进行展开，即

$$\boldsymbol{J} = \sum_{i=1}^{N_s} \boldsymbol{J}_i \boldsymbol{f}_i^S(\boldsymbol{r}) \tag{2.20}$$

这里 N_S 表示求解域 S 剖分成三角形后的边总数。将式（2.20）代入电场积分方程（2.15），然后进行伽略金匹配，可以得到电场积分方程的离散化矩阵方程，即

$$[\boldsymbol{Z}^{\mathrm{E}}] \cdot \{J\} = \{v^{\mathrm{E}}\} \tag{2.21}$$

其中，$\boldsymbol{Z}^{\mathrm{E}}$ 矩阵元素的计算式为

$$Z_{m,n}^{\mathrm{E}} = \mathrm{j}\omega\mu_0 \iint_{S\,S'} \boldsymbol{f}_m(\boldsymbol{r}) \cdot g(\boldsymbol{r}-\boldsymbol{r}')\boldsymbol{f}_n(\boldsymbol{r}')\,\mathrm{d}S'\mathrm{d}S + \frac{1}{\mathrm{j}\omega\varepsilon_0}\iint_{S\,S'} \nabla\cdot \boldsymbol{f}_m(\boldsymbol{r}) g(\boldsymbol{r}-\boldsymbol{r}')\,\nabla'\cdot \boldsymbol{f}_n(\boldsymbol{r}')\,\mathrm{d}S'\mathrm{d}S \tag{2.22}$$

右边激励矢量的元素为

$$v_m^{\mathrm{E}} = -\int_S \boldsymbol{f}_m(\boldsymbol{r}) \cdot \boldsymbol{E}^{\mathrm{inc}}(\boldsymbol{r})\mathrm{d}S \tag{2.23}$$

同理，可以得到磁场积分方程的离散化矩阵方程

$$[\boldsymbol{Z}^{\mathrm{M}}] \cdot \{J\} = \{v^{\mathrm{M}}\} \tag{2.24}$$

式中，$\boldsymbol{Z}^{\mathrm{M}}$ 矩阵元素的计算式为

$$\begin{aligned} Z_{m,n}^{\mathrm{M}} = & \int_S\int_{S'} \boldsymbol{f}_m(\boldsymbol{r}) \cdot \boldsymbol{f}_n(\boldsymbol{r}')\mathrm{d}S'\mathrm{d}S - \\ & \int_S\int_{S'} \boldsymbol{f}_m(\boldsymbol{r}) \cdot [\hat{\boldsymbol{n}}(\boldsymbol{r}) \times \nabla\times g(\boldsymbol{r},\boldsymbol{r}')\boldsymbol{f}_n(\boldsymbol{r}')]\mathrm{d}S'\mathrm{d}S \end{aligned} \tag{2.25}$$

右边激励矢量的元素为

$$v_m^{\mathrm{M}} = \int_S \boldsymbol{f}_m(\boldsymbol{r}) \cdot \hat{\boldsymbol{n}}(\boldsymbol{r}') \times \boldsymbol{H}^{\mathrm{inc}}(\boldsymbol{r})\mathrm{d}S \tag{2.26}$$

对于混合场积分方程（2.17），将式（2.21）和式（2.24）按照混合方程的系数进行简单的叠加即可。众所周知，对于任意一个矩阵方程，可以使用直接法或迭代方法进行求解。然而，边界积分方程最终的系统方程矩阵维度往往较大，进行直接求解是非常困难的。因此，迭代方法便成为一种重要手段，尤其是在快速方法应用之后，不再拥有完整的系数矩阵，只能通过间接的迭代方法才能求解相应问题。目前常用的迭代方法有广义最小余量法（GMRES）、共轭梯度法（CGM）和共轭余数法（GCR）等[5-6]。

2.2.3 多层快速多极子算法

通过上述积分方程方法的详细介绍可以看出，虽然边界积分方程方法的分析与网格离散都只是在表面上，但是该方法离散得到的矩阵是一个满阵，存储这样的矩阵需要的内存为 $O(N^2)$ 量级（这里 N 是未知数的个数）。解该线性方程组的方法可分为两类，一类为直接法，另一类为迭代法。如用直接法求解，运算量达 $O(N^3)$ 量级。如用迭代法求解，每次迭代的运算量达 $O(N^2)$。显然，如此之多的内存需求和

如此之大的运算量，大幅限制了边界积分方法的应用范围。致使 20 世纪 90 年代以前，边界积分方法仅仅适用于电小尺寸物体的计算。

为了降低边界积分方法的计算复杂度和内存需求，电磁学者随后提出了众多有效的加速算法[7-10]，其中最为著名的为多层快速多极子算法（multilevel fast multipole algorithm，MLFMA）。多层快速多极子算法源于数学家 V. Rokhlin 提出的快速多极子算法[11]，后经 W. C. Chew 等电磁学者发现并成功实现多层的实施策略，将边界积分方法的计算复杂度和内存需求降低到 $O(N\log N)$[9]。

快速多极子算法的数学原理是矢量加法定理，即利用加法定理对积分方程中的格林函数进行处理。通过在角谱空间中展开，利用平面波进行算子对角化，最终将稠密矩阵与矢量的相乘计算转化为几个稀疏阵与该矢量的相乘计算。该方法的基本原理是：将散射体表面上离散得到的未知变量分组，任意两个未知变量间的作用根据其所在组的位置关系而采用不同的方法计算。当其是相邻组时，采用直接数值计算；而当其为非相邻组时，则采用聚合—转移—发散方法计算，如图 2.4 所示，这样可将内存与计算复杂度降低至 $O(N^{1.5})$。

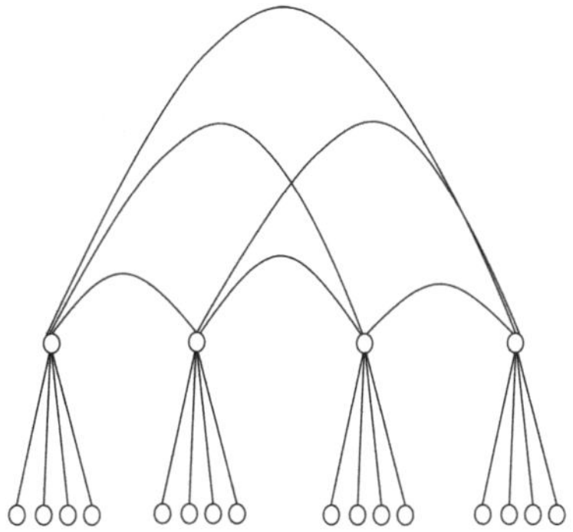

图 2.4　快速多极子算法具体实施示意图

快速多极子算法中的组不能太大，如果组太大，转移过程虽然能非常有效地计算，但聚集和发散过程都不能有效地进行；同样，组也不能太小，如果组太小，聚集和发散过程虽能有效进行，转移过程又不能有效计算。为此，可采用一种更有效的方式来实现快速多极子算法。其基本思路就是将未知数分成不同层次的组。粗层组大，细层组小，让聚集和发散过程先在最细层进行，然后通过移置、插值完成底层中的聚集和发散，而转移过程只在每层的部分组之间进行。这种实现方式被称为多层快速多极子算法，如图 2. 5 所示。

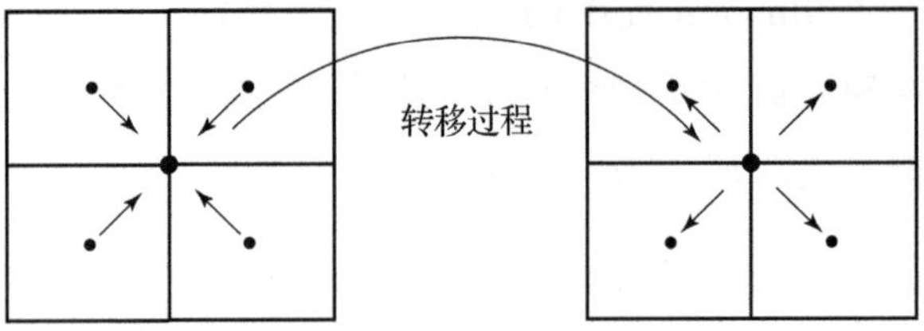

图 2. 5　多层快速多极子算法实施办法示意图

多层快速多极子算法的聚集、转移、发散，在每一层的计算量都为 N。又对于 N 个未知数问题，通常可以分为 $\log(N)$ 层，故整个计算量为 $O(N\log N)$。不难分析，多层快速多极子算法所需内存不会超过 $O(N\log N)$。与快速多极子算法比较，多层快速多极子算法增加了 4 个数学操作。聚集过程中两个：一个是将以细层组中心为起点的平面波移置到以粗层组中心为起点的平面波；一个是将小数目平面波插值到大数目平面波。发散过程中两个：一个是将以粗层组中心为起点的平面波转移至以细层组中心为起点的平面波；一个是将大数目平面波反插值到小数目平面波。很明显，发散中的两个操作是聚集中两个操作的逆操作。

2. 3　合元极方法的数学公式

如本书前言部分所述，单一的有限元方法和边界积分方法在求解电磁问题时都具有自己的优势和不足。然而，仔细分析可以看出，这两种方法的不足又是对方的优势所在。因此，电磁学者尝试将有限元方法和边界积分方法进行有效结合，开发一种既通用又精确的混合方法。经过十几年的发展，1998 年合元极方法（即混合有限元、边界积分和多层快速多极子算法）首次由 X. Q. Sheng 等提出并对其数学公式进行了深入的研究，成功用于准确计算当时人们关心的涂层目标的散射问题[12]。下面将以涂层目标的散射问题为例介绍合元极方法的求解思路和公式系统。

2.3.1　建模思路

对涂层目标散射问题的计算是合元极方法的一个成功应用。图 2.6 所示为一个任意形状涂层体目标在电磁波($\boldsymbol{E}^{\mathrm{inc}}$,$\boldsymbol{H}^{\mathrm{inc}}$)照射下的散射问题。

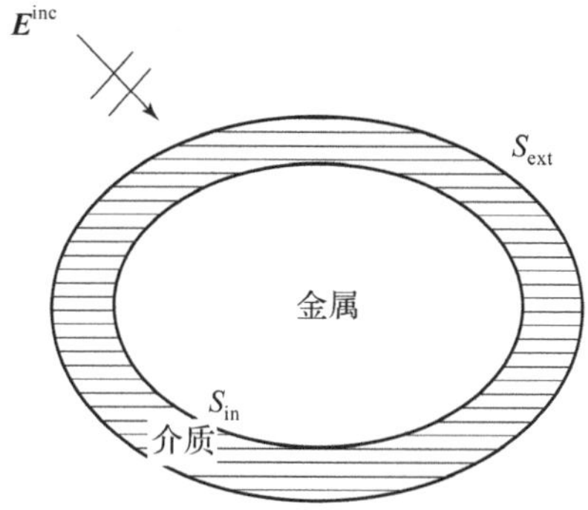

图 2.6　涂层目标的电磁散射问题示意图

涂层体最外层边界 S_{ext}将求解域分成内外两部分，其内为非均匀介质层，其外为无限大自由空间。对于内部区域的场，即 S_{ext}以内，金属边界 S_{in}以外区域的场，用有限元方法建立方程；对于外部自由空间区域的场，用边界积分方法建立方程。根据等效原理，将此内外两部分连于一整体，最终求解问题。这便是混合有限元和边界积分的基本思路。这是从区域划分、从描述物理现象的角度，对此种混合法的一种叙述。若从求解方程角度来阐述此法，或许更具体、更明确。假设 S_{ext}

上的边界条件未知，将有限元应用于内部区域场，其结果是离散方程个数必少于离散未知数个数，因为 S_{ext} 边界上的离散未知量中既有电场，又有磁场。只有 S_{ext} 边界上的电场和磁场关系确立时，方程方可求解。这种关系的建立可通过局域边界条件实现。此种建立方式之优势在于保证了有限元离散矩阵的稀疏性，其缺点在于其近似性，导致了求解域的扩大。因为保证区域边界条件的精度，外分界就不能取 S_{ext}，必须离 S_{ext} 有一定距离。在混合有限元和边界积分中，S_{ext} 边界上电场和磁场关系是由边界积分方程建立的。此积分方程经离散后与有限元离散方程联立便可求解出未知场。这种建立方式之长在于精确，其短在于与边界积分方程相关的矩阵是满阵，破坏了有限元离散矩阵的稀疏性，增加了计算复杂度和内存需求。为了弥补这一不足，可将多层快速多极子算法应用于求解混合有限元和边界积分的离散方程中，也就是用多层快速多极子算法加快离散矩阵中边界积分满阵与矢量的相乘。这便是合元极方法求解涂层体散射的整体思路。下面将给出这一思路的具体数学表达。

2.3.2 系统方程

根据三维电磁场有限元方法，区域内电场满足下面泛函的变分

$$F(\boldsymbol{E}) = \frac{1}{2}\iiint_V \frac{1}{\mu_r}(\nabla\times \boldsymbol{E}) \cdot (\nabla\times \boldsymbol{E}) - k_0^2\varepsilon_r\boldsymbol{E}\cdot\boldsymbol{E}\mathrm{d}V + \mathrm{j}k_0\iint_{S_{ext}}(\boldsymbol{E}_S\times\bar{\boldsymbol{H}}_S)\cdot\hat{\boldsymbol{n}}\mathrm{d}S \tag{2.27}$$

式中，V 为 S_{ext} 与 S_{in} 之间的介质区域；k_0 为自由空间的波数；ε_r 和 μ_r 分别为计算区域 V 内的相对介电常数和相对磁导率；$\hat{\boldsymbol{n}}$ 为外边界 S_{ext} 的外单位法向矢量。此外，$\bar{\boldsymbol{H}}_S = Z_0\boldsymbol{H}_S$，其中 Z_0 为自由空间中的波阻抗。使用四面体对区域 V 进行离散，然后在四面体上采用旋度共形边缘元基函数[13]并离散上述泛函的变分可得下列方程

$$\begin{bmatrix} \boldsymbol{K}_{II} & \boldsymbol{K}_{IS} & 0 \\ \boldsymbol{K}_{SI} & \boldsymbol{K}_{SS} & \boldsymbol{B} \end{bmatrix} \begin{Bmatrix} E_I \\ E_S \\ \bar{H}_S \end{Bmatrix} = \begin{Bmatrix} 0 \\ 0 \end{Bmatrix} \tag{2.28}$$

这里$\{E_I\}$为区域 V 内的未知离散电场系数，该组系数不包括边界 S_{ext} 上的未知离散电场系数。$\{E_S\}$和$\{\bar{H}_S\}$分别为区域外边界 S_{ext} 上的未知离散电场和离散磁场系数。很明显，方程式（2.28）的未知数个数多于方程的个数，且多的恰恰是边界上未知磁场的$\{\bar{H}_S\}$，只有确定外边界上未知电场的$\{E_S\}$和磁场的$\{\bar{H}_S\}$满足的方程关系方可弥补方程组（2.28）中方程个数的不足，才能获得唯一解。根据边界积分方法，可在边界上建立如下的电场积分方程（EFIE）

$$\boldsymbol{E}_S \times \hat{\boldsymbol{n}} + \hat{\boldsymbol{n}} \times [\tilde{\boldsymbol{L}}(\hat{\boldsymbol{n}} \times \bar{\boldsymbol{H}}_S) - \tilde{\boldsymbol{K}}(\boldsymbol{E}_S \times \hat{\boldsymbol{n}})] = -\hat{\boldsymbol{n}} \times \boldsymbol{E}^{\text{inc}} \tag{2.29}$$

或磁场积分方程（MFIE）

$$\hat{\boldsymbol{n}} \times \bar{\boldsymbol{H}}_S - \hat{\boldsymbol{n}} \times [\tilde{\boldsymbol{L}}(\boldsymbol{E}_S \times \hat{\boldsymbol{n}}) + \tilde{\boldsymbol{K}}(\hat{\boldsymbol{n}} \times \bar{\boldsymbol{H}}_S)] = \hat{\boldsymbol{n}} \times \bar{\boldsymbol{H}}^{\text{inc}} \tag{2.30}$$

上式中的 $\tilde{\boldsymbol{L}}$ 和 $\tilde{\boldsymbol{K}}$ 是积分微分算子，源于边界积分方程，其定义式为

$$\tilde{\boldsymbol{L}}(\boldsymbol{X}) = -\mathrm{j}k_0 \iint_S \left[\boldsymbol{X} + \frac{1}{k_0^2} \nabla(\nabla' \cdot \boldsymbol{X})\right] G(\boldsymbol{r},\boldsymbol{r}')\,\mathrm{d}S \tag{2.31}$$

$$\tilde{\boldsymbol{K}}(\boldsymbol{X}) = -\iint_S \boldsymbol{X} \times \nabla G(\boldsymbol{r},\boldsymbol{r}')\,\mathrm{d}S \tag{2.32}$$

在上述积分方程建立过程中，用到了等效电流和等效磁流与边界面 S_{ext} 上的电磁场如下的关系

$$\bar{\boldsymbol{J}} = \hat{\boldsymbol{n}} \times \bar{\boldsymbol{H}}_S \tag{2.33}$$

$$\boldsymbol{M} = -\boldsymbol{n} \times \boldsymbol{E}_S \tag{2.34}$$

为了消除内部谐振，获得更高的计算效率，将电场和磁场积分方程组结合得到混合场积分方程（CFIE），形式为

$$\alpha\hat{\boldsymbol{n}} \times \text{EFIE} + (1-\alpha)\text{MFIE} \tag{2.35}$$

使用与三角形旋度共形基函数兼容的 RWG 基函数通过矩量法离散方程（2.35）可得到矩阵方程，即

$$[\boldsymbol{P}]\{E_S\}+[\boldsymbol{Q}]\{\bar{H}_S\}=\{b\} \tag{2.36}$$

最后，联立方程（2.28）和（2.36）得到合元极方法求解该散射问题最终的系统方程组，即

$$\begin{bmatrix} \boldsymbol{K}_{II} & \boldsymbol{K}_{IS} & 0 \\ \boldsymbol{K}_{SI} & \boldsymbol{K}_{SS} & \boldsymbol{B} \\ 0 & \boldsymbol{P} & \boldsymbol{Q} \end{bmatrix} \begin{Bmatrix} E_I \\ E_S \\ \bar{H}_S \end{Bmatrix} = \begin{Bmatrix} 0 \\ 0 \\ b \end{Bmatrix} \tag{2.37}$$

其中，$\boldsymbol{K}_{II}$、$\boldsymbol{K}_{IS}$、$\boldsymbol{K}_{SI}$、$\boldsymbol{K}_{SS}$和 $\boldsymbol{B}$ 是有限元稀疏矩阵，$\boldsymbol{P}$ 和 $\boldsymbol{Q}$ 是矩量法满阵。值得注意的是，在离散式（2.35）得到式（2.36）的过程中，试函数的选取有两种形式：RWG 基函数或 $\hat{\boldsymbol{n}}\times$RWG 基函数。若选 RWG 基函数为试函数，$\boldsymbol{Q}$ 为对角占优矩阵，$\boldsymbol{P}$ 为弱对角矩阵；若选 $\hat{\boldsymbol{n}}\times$RWG 基函数，则 $\boldsymbol{Q}$ 为弱对角矩阵，$\boldsymbol{P}$ 为对角占优矩阵。很明显，为了保证系统方程组（2.37）是对角占优矩阵，应选 RWG 基函数作为试函数。

2.4 合元极方程典型求解算法

合元极方法最终得到的矩阵方程是一个部分稀疏、部分稠密的矩阵。通常情况下，对于电磁场问题，该矩阵方程的维度往往很大，尤其是稠密矩阵，因内存和计算时间需求巨大，使用直接方法对该方程整体求解很难成功。因此，如何有效求解该方程成为一个重要的研究课题。经过电磁学者十几年的不断研究，提出了多种求解算法，下面给出 3 种具有代表性的算法。

2.4.1 传统迭代算法

传统迭代算法是直接将迭代法应用于求解方程（2.37），目前常

用的迭代方法有广义最小余量法（GMRES）、共轭梯度法（CGM）和共轭余数法（GCR）等。在实施迭代方法求解矩阵方程时涉及矩阵与矢量的相乘运算。对于合元极方法的矩阵，有限元稀疏矩阵与矢量的相乘采用传统的稀疏矩阵与矢量相乘的方式进行，内存和计算复杂度均为 $O(N)$ 量级。而矩量法满阵与矢量的相乘则引入前面提到的多层快速多极子算法进行加速，将内存和计算复杂度降为 $O(N\log N)$ 量级。很明显，此算法中矩阵和矢量相乘所需内存和 CPU 时间是非常经济的。然而，由于有限元矩阵的病态性，整个方程的系数矩阵条件数很大，因此整个算法迭代收敛速度很慢，对于复杂形状或者不均匀目标甚至不能收敛。因此，传统迭代算法的计算能力相当有限。

2.4.2　分解算法

为了提高合元极方法的迭代收敛速度，随后一种分解算法被提出[14]。该算法首先将有限元部分的稀疏矩阵单独提出，即

$$[\boldsymbol{K}]=\begin{bmatrix}\boldsymbol{K}_{II} & \boldsymbol{K}_{IS}\\ \boldsymbol{K}_{SI} & \boldsymbol{K}_{SS}\end{bmatrix} \tag{2.38}$$

由于该矩阵完全是稀疏的矩阵，可用直接方法对其进行快速求解得到它的逆 $\boldsymbol{K}^{-1}$，这样基于式（2.28），电场就可用边界上的 $\bar{\boldsymbol{H}}_S$ 通过式（2.39）求出

$$\begin{Bmatrix}E_I\\ E_S\end{Bmatrix}=-[\boldsymbol{K}]^{-1}[\boldsymbol{B}]\{\bar{H}_S\} \tag{2.39}$$

通过进一步引入布尔矩阵 $[\boldsymbol{R}]$ 对电场进行筛选，便可得到边界上电场 $\{E_S\}$ 和 $\{\bar{H}_S\}$ 的系数关系，即

$$\{E_S\}=-[\boldsymbol{R}][\boldsymbol{K}]^{-1}[\boldsymbol{B}]\{\bar{H}_S\} \tag{2.40}$$

最后将式（2.40）代入式（2.36）消去 $\{E_S\}$ 得到

$$(-[\boldsymbol{P}][\boldsymbol{R}][\boldsymbol{K}]^{-1}[\boldsymbol{B}]+[\boldsymbol{Q}])\{\bar{H}_S\}=\{b\} \tag{2.41}$$

这样，通过求解式（2.41）可以获得外边界上的磁场系数$\{\bar{H}_S\}$，然后通过式（2.40）便可得到所有的电场系数。数值实验表明，迭代法求解方程（2.41）的收敛速度较传统迭代算法有很大的提高，在一定程度上提高了合元极方法的计算能力。

2.4.3 预条件算法

构造预条件矩阵是一种常见且能够有效提高矩阵方程迭代收敛性的方法。从这一点出发，文献[15]提出了一种使用吸收边界条件(ABC）近似边界积分的预条件，以提高合元极方法迭代收敛性。该预条件与普遍使用的基于数学原理的预条件不同，它基于物理近似原理，构建过程非常简单，只需将边界积分方程用三维有限元方法中提到的一阶吸收边界条件代替，即

$$\hat{\boldsymbol{n}}\times(\hat{\boldsymbol{n}}\times\boldsymbol{E}_S)-\hat{\boldsymbol{n}}\times\bar{\boldsymbol{H}}_S=\hat{\boldsymbol{n}}\times(\hat{\boldsymbol{n}}\times\boldsymbol{E}^{\mathrm{inc}})-\hat{\boldsymbol{n}}\times\bar{\boldsymbol{H}}^{\mathrm{inc}} \tag{2.42}$$

通过伽略金匹配并进行有限元离散式（2.42）得到

$$[\boldsymbol{B}^{\mathrm{T}}\quad \boldsymbol{C}]\begin{Bmatrix}E_S\\ \bar{H}_S\end{Bmatrix}=\{b'\} \tag{2.43}$$

随后将式（2.43）中的系数矩阵与式（2.28）中的系数矩阵联立获得最终的预条件矩阵$\boldsymbol{P}_{\mathrm{ABC}}$

$$[\boldsymbol{P}_{\mathrm{ABC}}]=\begin{bmatrix}\boldsymbol{K}_{II} & \boldsymbol{K}_{IS} & 0\\ \boldsymbol{K}_{SI} & \boldsymbol{K}_{SS} & \boldsymbol{B}\\ 0 & \boldsymbol{B}^{\mathrm{T}} & \boldsymbol{C}\end{bmatrix} \tag{2.44}$$

显然，预条件$\boldsymbol{P}_{\mathrm{ABC}}$为一个完全稀疏对称的矩阵，可以采用直接方法求解该矩阵的逆，用于合元极方程的迭代求解过程中。数值实验表明，该预条件可以有效提高合元极方法的迭代求解收敛性。虽然预条件算法与分解算法的收敛性相当，但很明显，预条件算法因为直接求解的

稀疏矩阵维度比分解算法中稀疏矩阵的维度大，因此预条件算法使用的内存和时间比分解算法多。

2.5 小　　结

本章详细介绍了合元极方法的理论基础：三维有限元方法、三维边界积分方法和多层快速多极子算法。在基础理论之上，以涂层目标散射问题为例给出合元极方法的具体求解思路和数学公式。随后，对 3 种典型的合元极矩阵方程求解算法进行了简要准确的介绍：传统迭代算法、分解算法和预条件算法。传统迭代算法的内存需求较少，然而迭代收敛性很差，很难满足实际的工程需求。与传统迭代算法相比，分解算法和预条件算法的迭代收敛性有了很大的改善，有效提高了合元极方法的计算能力。然而，这两种算法都涉及稀疏矩阵的直接求解，内存需求比较多，尽管当今计算机技术已获得突飞猛进的发展，但是很难满足该算法求解电大复杂目标的需求。

参 考 文 献

[1] Silvester P. A General High-Order Finite-Element Waveguide Analysis Program [J]. IEEE Trans. Microw. Theory Tech., 1969, 17 (4): 204 - 210.

[2] 盛新庆. 计算电磁学要论 [M]. 合肥：中国科学技术大学出版社，2008.

[3] Harrington R F. Field Computation by Moment Methods [M]. New York: McGraw-Hill, 1968.

[4] Rao S M, Wilton D R, Glisson A W. Electromagnetic Scattering by

Surfaces of Arbitrary Shape [J]. IEEE Trans. Antennas Propagat., 1982, 30 (3): 409-418.

[5] Eisenstat S, Elman H, Schultz M. Variational Iterative Methods for Nonsymmetric Systems of Linear Equations [J]. SIAM J. Num. Analysis, 1983, 20 (2): 345-357.

[6] 芮平亮. 电磁散射分析中的快速迭代求解技术 [D]. 南京: 南京理工大学, 2007.

[7] Ling F, Wang C F, Jin J M. An Efficient Algorithm for Analyzing Large-Scale Microstrip Structures Using Adaptive Integral Method Combined with Discrete Complex-Image Method [J]. IEEE Trans. Microw. Theory Tech., 2000, 48 (5): 832-839.

[8] Chew W C, Jin J M, Michielssen E, et al. Fast and Efficient Algorithms in Computational Electromagnetics [M]. Boston: Artech House, 2001.

[9] Zhao K, Lee J F. A Single-Level Dual Rank IE-QR Algorithm to Model Large Microstrip Antenna Arrays [J]. IEEE Trans. Antennas Propagat., 2004, 52 (10): 2580-2585.

[10] Seo S M, Lee J F. A Fast IE-FFT Algorithm for Solving PEC Scattering Problems [J]. IEEE Trans. Mag., 2005, 41 (5): 1476-1479.

[11] Rokhlin V. Rapid Solution of Integral Equations of Scattering Theory in Two Dimensions [J]. J. Comput. Phys., 1990, 86 (2): 414-439.

[12] Sheng X Q, Jin J M, Song J M, et al. On the Formulation of Hybrid Finite-Element Boundary-Integral Methods for 3D Scattering [J]. IEEE Trans. Antennas Propagat., 1998, 46 (3): 303-311.

[13] Jin J M. The Finite Element Method in Electromagnetics [M]. 2nd

ed. New York: John Wiley&Sons, 2002.

[14] Sheng X Q, Yung E K N. Implementation and Experiments of a Hybrid Algorithm of The MLFMA-Enhanced FE-BI Method for Open-Region Inhomogeneous Electromagnetic Problems [J]. IEEE Trans. Antennas Propagat., 2002, 50 (2): 163 - 167.

[15] Liu J, Jin J M. A Highly Effective Preconditioner for Solving the Finite Element-Boundary Integral Matrix Equation for 3D Scattering [J]. IEEE Trans. Antennas Propagat., 2002, 50 (9): 1212 - 1221.

第 3 章
有限元的区域分解方法

3.1 引　　言

经有限元方法离散的电磁麦克斯韦方程组会形成一个非正定的稀疏矩阵，其矩阵性态差，难以高效地迭代求解。一些直接求解方法，如多波前法、快速 LU 分解法等，虽然对这类矩阵有着不错的求解效率，但是需要付出较高的计算成本，特别是当目标规模快速增加或者工作频率较高时，其昂贵的计算成本会让人望而却步。其中主要原因还是在于有限元方法的体离散模式的未知数数量与目标体积成正比，因此增长速度很快，这也必然导致这一方法的计算规模受到了很大的限制。近年来，为了提高有限元方法的计算能力，研究者将区域分解思想与有限元方法相结合，提出了区域分解有限元方法[1-4]。区域分解有限元方法的基本思路是：将求解区域分解成若干个子区域，建立子区域边界条件（包括子区域与相邻子区域的连接条件），然后用第 2 章提到的三维有限元方法离散此子区域，可得到子区域离散矩阵方程，求解此子区域离散矩阵方程可消除子区域内未知数，得到一个子区域边界未知数与相邻子区域交接边界未知数的关联方程[5]。聚集所有子区域的这些关联方程可得到整个区域仅包含子区域交界面上未知量、性态良好的降维矩阵方程关联方程，最后可用迭代法求解，这也从根本上降低了有限元方法求解的计算复杂度。

如今较为有效的区域分解有限元方法（domain decomposition method，DDM）主要可分为两类：施瓦兹（Schwarz）型[4-11]和撕裂对接（FETI-DP）型[12-14]。这两类方法都是先将传统有限元方法的整个计算区域分解为若干子区域，不同之处在于：施瓦兹型区域分解有限元方法将子区域接触区设置为交界面，而撕裂对接型区域分解有限元方法，则将接触区分为交界面和拐角边，如图 3.1 所示。不同方法实现子区域联结的方式不同，本章将对这两类区域分解方法的系统方程和数值性能进行详细的介绍和研究。

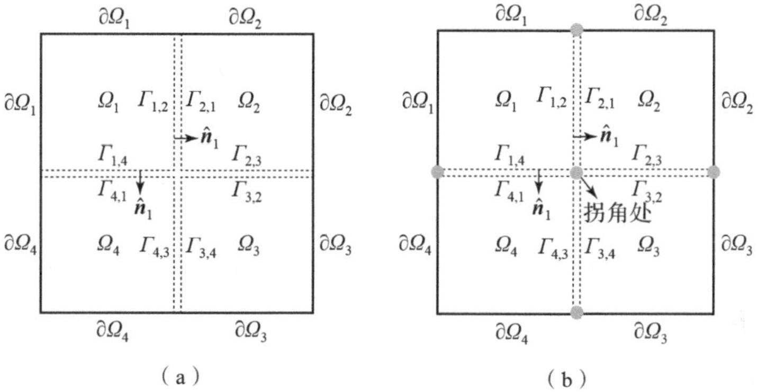

图 3.1　不同区域分解有限元方法的区域分解策略示意图

(a) 施瓦兹型；(b) 撕裂对接型

3.2　施瓦兹型区域分解有限元方法

以散射问题为例，任意子区域 Ω_m 内部的电场 $\boldsymbol{E}_m$ 仍然满足下面的微分方程

$$\nabla\times\frac{1}{\mu_{\mathrm{r},m}}\nabla\times\boldsymbol{E}_m-k_0^2\varepsilon_{\mathrm{r},m}\boldsymbol{E}_m=0\quad 在\ \Omega_m\ 内 \tag{3.1}$$

其中，$\varepsilon_{\mathrm{r},m}$ 和 $\mu_{\mathrm{r},m}$ 分别为第 m 子区域的相对介电常数和相对磁导率，

$k_0=\omega\sqrt{\mu_0\varepsilon_0}$为自由空间的波数。在子区域的外边界面$\partial\Omega_m$上采用一阶吸收边界条件（ABC）进行截断，因此，电场满足

$$\hat{\boldsymbol{n}}_m\times\nabla\times\boldsymbol{E}_m-\mathrm{j}k_0\hat{\boldsymbol{n}}_m\times\boldsymbol{E}_m\times\hat{\boldsymbol{n}}_m=\boldsymbol{U}_m^{\mathrm{Inc}}\quad \text{在}\partial\Omega_m\text{面上} \tag{3.2}$$

式（3.2）中，$\boldsymbol{U}_m^{\mathrm{Inc}}$为激励源，具体表达式为$\hat{\boldsymbol{n}}_m\times\nabla\times\boldsymbol{E}_m^{\mathrm{Inc}}-\mathrm{j}k_0\hat{\boldsymbol{n}}_m\times\boldsymbol{E}_m^{\mathrm{Inc}}\times\hat{\boldsymbol{n}}_m$，其中$\boldsymbol{E}_m^{\mathrm{Inc}}$为入射电场，j为虚部单位。为了保证与原始问题一致，还需要在子区域交界面$\Gamma_{m,n}$设置相关的连续性条件保证解的唯一性且进行子区域间信息的传输，目前最有效的传输条件是Robin型传输条件，形式为

$$\begin{aligned}&\hat{\boldsymbol{n}}_m\times\frac{1}{\mu_{\mathrm{r},m}}\nabla\times\boldsymbol{E}_m+\alpha\hat{\boldsymbol{n}}_m\times\boldsymbol{E}_m\times\hat{\boldsymbol{n}}_m=\\&-\hat{\boldsymbol{n}}_n\times\frac{1}{\mu_{\mathrm{r},n}}\nabla\times\boldsymbol{E}_n+\alpha\hat{\boldsymbol{n}}_n\times\boldsymbol{E}_n\times\hat{\boldsymbol{n}}_n\quad \text{在}\Gamma_{m,n}\text{面上}\end{aligned} \tag{3.3}$$

其中，α是一个可调节负复数变量，它的取值在一定程度上将影响最终方程的收敛性，通常情况下可设置为$-\mathrm{j}k_0$。式（3.3）所示的Robin型传输条件是狄利克雷（Dirichlet）型传输条件和纽曼（Neumann）型传输条件的混合，能有效保证交界面上电磁场的连续性。数值结果表明，Robin型传输条件连接子区域离散方程所得到的整体求解域的离散方程，经过后续的块对角预处理之后的条件数要远小于Dirichlet型传输条件得到的条件数。这是因为使用Robin型传输条件表述的子区域系统是一个无谐振系统，而使用Dirichlet型传输条件表述的子区域系统是一个谐振系统。

在施瓦兹型区域分解有限元方法中，为了将子区域进行彻底的分离，在子区域交界面上引入辅助变量$\boldsymbol{J}_m$，其定义式为

$$\boldsymbol{J}_m=\frac{1}{-\mathrm{j}k_0}\hat{\boldsymbol{n}}_m\times\frac{1}{\mu_{\mathrm{r},m}}\nabla\times\boldsymbol{E}_m\quad \text{在}\Gamma_{m,n}\text{面上} \tag{3.4}$$

将式（3.4）代入式（3.3）后，Robin型传输条件则改写为下面的形式

$$\begin{aligned}&-\mathrm{j}k_0\boldsymbol{J}_m+\alpha\hat{\boldsymbol{n}}_m\times\boldsymbol{E}_m\times\hat{\boldsymbol{n}}_m=\\&\mathrm{j}k_0\boldsymbol{J}_n+\alpha\hat{\boldsymbol{n}}_n\times\boldsymbol{E}_n\times\hat{\boldsymbol{n}}_n\quad \text{在}\Gamma_{m,n}\text{面上}\end{aligned} \tag{3.5}$$

根据有限元方法原理，先将方程式（3.1）和（3.2）经变分原理后转化为下面关于电场 $\boldsymbol{E}_m$ 的泛函公式

$$F(\boldsymbol{E}_m)=\frac{1}{2}\int_{\Omega_m}(\nabla\times\boldsymbol{E}_m)\cdot\left(\frac{1}{\mu_{\mathrm{r},m}}\nabla\times\boldsymbol{E}_m\right)-k_0^2\varepsilon_{\mathrm{r},m}\boldsymbol{E}_m\cdot\boldsymbol{E}_m\mathrm{d}v+\frac{1}{2}\mathrm{j}k_0\int_{\partial\Omega_m}(\hat{\boldsymbol{n}}_m\times\boldsymbol{E}_m)\cdot(\hat{\boldsymbol{n}}_m\times\boldsymbol{E}_m)\mathrm{d}s-\mathrm{j}k_0\int_{\Gamma_m}\boldsymbol{E}_m\cdot\boldsymbol{J}_m\mathrm{d}s \tag{3.6}$$

同理，方程（3.5）经变分原理后转化为下面关于辅助变量 $\boldsymbol{J}_m$ 的泛函公式

$$F(\boldsymbol{J}_m)=-\mathrm{j}k_0\int_{\Gamma_m}\boldsymbol{J}_m\cdot\boldsymbol{E}_m\mathrm{d}s-\frac{1}{2}\mathrm{j}k_0\int_{\Gamma_m}\boldsymbol{J}_m\cdot\boldsymbol{J}_m\mathrm{d}s+\sum_{n\in\{m\text{的相邻子区域}\}}\left(-\mathrm{j}k_0\int_{\Gamma_{m,n}}\boldsymbol{J}_m\cdot\boldsymbol{E}_n\mathrm{d}s+\mathrm{j}k_0\int_{\Gamma_{m,n}}\boldsymbol{J}_m\cdot\boldsymbol{J}_n\mathrm{d}s\right) \tag{3.7}$$

进一步，采用四面体网格将子区域 Ω_m 进行离散，然后对所涉电场 $\boldsymbol{E}_m$ 和辅助变量 $\boldsymbol{J}_m$ 采用基函数进行展开。对于电场 $\boldsymbol{E}_m$，根据传统有限元方法，只能采用旋度共形的边缘元基函数 $\boldsymbol{N}$ 进行展开，而对于辅助变量 $\boldsymbol{J}_m$，目前文献中有两种选择：散度共形的 RWG 基函数 $\boldsymbol{g}$ 和旋度共形的边缘元基函数 $\boldsymbol{N}$。从辅助变量 $\boldsymbol{J}_m$ 的定义式（3.4）可以看出，$\boldsymbol{J}_m$ 在物理意义上表示交界面上的电流，如果采用散度共形的 RWG 基函数展开，完全符合电流法向连续性的物理特性，因此我们将采用 $\boldsymbol{g}$ 展开辅助变量 $\boldsymbol{J}_m$ 的施瓦兹方法命名为物理共形（physical conforming，PC）施瓦兹型区域分解有限元方法（Schwarz - DDM - PC）。如果采用旋度共形的边缘元基函数展开 $\boldsymbol{J}_m$[8]，由于该类基函数保证切向连续性，不符合电流法向连续性的物理特性，因此我们将采用 $\boldsymbol{N}$ 展开辅助变量 $\boldsymbol{J}_m$ 的施瓦兹方法命名为物理非共形（physical non - conforming，PNC）施瓦兹型区域分解有限元方法（Schwarz - DDM - PNC）[9-10]。

3.2.1 物理共形施瓦兹型区域分解有限元方法

采用边缘元基函数 $\boldsymbol{N}_m$ 和 RWG 基函数 $\boldsymbol{g}_m$ 分别展开 $\boldsymbol{E}_m$ 和 $\boldsymbol{J}_m$，将它们分别代入式（3.6）和式（3.7）所示的泛函变分进行离散，并将它们进行组合，获得关于第 m 个子区域的矩阵方程，即

$$\begin{bmatrix} \boldsymbol{K}_m^{\mathrm{II}} & \boldsymbol{K}_m^{\mathrm{I}\Gamma} & 0 \\ \boldsymbol{K}_m^{\Gamma\mathrm{I}} & \boldsymbol{K}_m^{\Gamma\Gamma} & \boldsymbol{B}_m \\ 0 & \bar{\boldsymbol{B}}_m & \boldsymbol{D}_m \end{bmatrix} \begin{Bmatrix} E_m^{\mathrm{I}} \\ E_m^{\Gamma} \\ J_m \end{Bmatrix} = \begin{Bmatrix} f_m^{\mathrm{I}} \\ 0 \\ 0 \end{Bmatrix} + \sum_{n \in \{m\text{的相邻子区域}\}} \begin{bmatrix} 0 & 0 & 0 \\ 0 & 0 & 0 \\ 0 & \boldsymbol{F}_{m,n} & \boldsymbol{G}_{m,n} \end{bmatrix} \begin{Bmatrix} E_n^{\mathrm{I}} \\ E_n^{\Gamma} \\ J_n \end{Bmatrix} \tag{3.8}$$

在上式中，已将电场 $\boldsymbol{E}_m$ 分类为位于交界面上的 $\boldsymbol{E}_m^{\Gamma}$ 和位于内部的 $\boldsymbol{E}_m^{\mathrm{I}}$，其中各子矩阵具体计算方法为

$$\begin{bmatrix} \boldsymbol{K}_m^{\mathrm{II}} & \boldsymbol{K}_m^{\mathrm{I}\Gamma} \\ \boldsymbol{K}_m^{\Gamma\mathrm{I}} & \boldsymbol{K}_m^{\Gamma\Gamma} \end{bmatrix} = \int_{\Omega_m} (\nabla \times \boldsymbol{N}_m) \cdot \left(\frac{1}{\mu_{\mathrm{r},m}} \nabla \times \boldsymbol{N}_m\right)^{\mathrm{T}} - k_0^2 \varepsilon_{\mathrm{r},m} \boldsymbol{N}_m \cdot \boldsymbol{N}_m^{\mathrm{T}} \mathrm{d}v + \mathrm{j}k_0 \int_{\partial\Omega_m} (\hat{\boldsymbol{n}}_m \times \boldsymbol{N}_m) \cdot (\hat{\boldsymbol{n}}_m \times \boldsymbol{N}_m)^{\mathrm{T}} \mathrm{d}s \tag{3.9}$$

$$[\boldsymbol{B}_m] = -\mathrm{j}k_0 \int_{\Gamma_m} \boldsymbol{N}_m^{\Gamma} \cdot (\boldsymbol{g}_m^{\Gamma})^{\mathrm{T}} \mathrm{d}s \tag{3.10}$$

$$[\bar{\boldsymbol{B}}_m] = \alpha \int_{\Gamma_m} \boldsymbol{g}_m^{\Gamma} \cdot (\boldsymbol{N}_m^{\Gamma})^{\mathrm{T}} \mathrm{d}s \tag{3.11}$$

$$[\boldsymbol{D}_m] = -\mathrm{j}k_0 \int_{\Gamma_m} \boldsymbol{g}_m^{\Gamma} \cdot (\boldsymbol{g}_m^{\Gamma})^{\mathrm{T}} \mathrm{d}s \tag{3.12}$$

$$\{f_m^{\mathrm{I}}\} = -\int_{\partial\Omega_m} \boldsymbol{N}_m \cdot \boldsymbol{U}_m^{\mathrm{Inc}} \mathrm{d}s \tag{3.13}$$

$$[\boldsymbol{F}_{m,n}] = \alpha \int_{\Gamma_{m,n}} \boldsymbol{g}_m^{\Gamma} \cdot (\boldsymbol{N}_n^{\Gamma})^{\mathrm{T}} \mathrm{d}s \tag{3.14}$$

$$[\boldsymbol{G}_{m,n}] = \mathrm{j}k_0 \int_{\Gamma_{m,n}} \boldsymbol{g}_m^{\Gamma} \cdot (\boldsymbol{g}_n^{\Gamma})^{\mathrm{T}} \mathrm{d}s \tag{3.15}$$

为了后面叙述方便，方程（3.8）可写为下面更紧凑的形式

$$[\boldsymbol{A}_m]\{x_m\} - \sum_{n\in\{m\text{的相邻子区域}\}}[\boldsymbol{C}_{m,n}]\{x_n\} = \{f_m\} \tag{3.16}$$

进一步，在方程（3.16）两边同时乘以$[\boldsymbol{A}_m]^{-1}$，通过引入布尔矩阵$[\boldsymbol{R}_m^{\Gamma}]$可消去$\{E_m^{\mathrm{I}}\}$获得

$$[\boldsymbol{I}_m]\{x_m^{\Gamma}\} - [\boldsymbol{R}_m^{\Gamma}][\boldsymbol{A}_m]^{-1}\sum_{n\in\{m\text{的相邻子区域}\}}[\boldsymbol{C}_{m,n}]\{x_n\} = [\boldsymbol{R}_m^{\Gamma}][\boldsymbol{A}_m]^{-1}\{f_m\} \tag{3.17}$$

其中

$$\{x_m^{\Gamma}\} = \begin{Bmatrix} E_m^{\Gamma} \\ J_m \end{Bmatrix} = [\boldsymbol{R}_m^{\Gamma}]\{x_m\} \tag{3.18}$$

最终将来自 N 个子区域的式（3.17）进行聚合获得整个区域的系统方程

$$\begin{bmatrix} \boldsymbol{I}_1 & \cdots & \boldsymbol{R}_1^{\Gamma}\boldsymbol{A}_1^{-1}\boldsymbol{C}_{1,m} & \cdots & \boldsymbol{R}_1^{\Gamma}\boldsymbol{A}_1^{-1}\boldsymbol{C}_{1,N} \\ \vdots & \ddots & \vdots & & \vdots \\ \boldsymbol{R}_m^{\Gamma}\boldsymbol{A}_m^{-1}\boldsymbol{C}_{m,1} & \cdots & \boldsymbol{I}_m & \cdots & \boldsymbol{R}_m^{\Gamma}\boldsymbol{A}_m^{-1}\boldsymbol{C}_{m,N} \\ \vdots & & \vdots & \ddots & \vdots \\ \boldsymbol{R}_N^{\Gamma}\boldsymbol{A}_N^{-1}\boldsymbol{C}_{N,1} & \cdots & \boldsymbol{R}_N^{\Gamma}\boldsymbol{A}_N^{-1}\boldsymbol{C}_{N,m} & \cdots & \boldsymbol{I}_N \end{bmatrix} \begin{Bmatrix} x_1^{\Gamma} \\ \vdots \\ x_m^{\Gamma} \\ \vdots \\ x_N^{\Gamma} \end{Bmatrix} = \begin{Bmatrix} \boldsymbol{R}_1^{\Gamma}\boldsymbol{A}_1^{-1}f_1 \\ \vdots \\ \boldsymbol{R}_m^{\Gamma}\boldsymbol{A}_m^{-1}f_m \\ \vdots \\ \boldsymbol{R}_N^{\Gamma}\boldsymbol{A}_N^{-1}f_N \end{Bmatrix} \tag{3.19}$$

3.2.2　物理非共形施瓦兹型区域分解有限元方法

物理非共形施瓦兹型区域分解有限元方法的不同之处在于 $\boldsymbol{J}_m$ 采用边缘元基函数展开，系统方程的推导过程与上述物理共形施瓦兹型区域分解有限元方法完全相同，最终获得与方程式（3.19）相同形式的矩阵方程，区别在于$[\boldsymbol{A}_m]^{-1}$和$[\boldsymbol{C}_{m,n}]$中子矩阵$[\boldsymbol{B}_m]$、$[\bar{\boldsymbol{B}}_m]$、$[\boldsymbol{D}_m]$、$[\boldsymbol{F}_{m,n}]$、$[\boldsymbol{G}_{m,n}]$的计算方法不同，如下

$$[\boldsymbol{B}_m] = -\mathrm{j}k_0\int_{\Gamma_m}\boldsymbol{N}_m^{\Gamma}\cdot(\tilde{\boldsymbol{N}}_m^{\Gamma})^{\mathrm{T}}\mathrm{d}s \tag{3.20}$$

$$[\bar{\boldsymbol{B}}_m] = \alpha\int_{\Gamma_m}\tilde{\boldsymbol{N}}_m^{\Gamma}\cdot(\boldsymbol{N}_m^{\Gamma})^{\mathrm{T}}\mathrm{d}s \tag{3.21}$$

$$[\boldsymbol{D}_m] = -\mathrm{j}k_0\int_{\Gamma_m}\tilde{\boldsymbol{N}}_m^{\Gamma}\cdot(\tilde{\boldsymbol{N}}_m^{\Gamma})^{\mathrm{T}}\mathrm{d}s \tag{3.22}$$

$$[\boldsymbol{F}_{m,n}] = \alpha\int_{\Gamma_{m,n}} \tilde{\boldsymbol{N}}_m^{\Gamma} \cdot (\boldsymbol{N}_n^{\Gamma})^{\mathrm{T}} \mathrm{d}s \tag{3.23}$$

$$[\boldsymbol{G}_{m,n}] = \mathrm{j}k_0\int_{\Gamma_{m,n}} \tilde{\boldsymbol{N}}_m^{\Gamma} \cdot (\tilde{\boldsymbol{N}}_n^{\Gamma})^{\mathrm{T}} \mathrm{d}s \tag{3.24}$$

需要特别注意的是，在展开 $\boldsymbol{J}_m$ 时不是采用传统的边缘元基函数(两个三角形共享的边定义一个未知数)，而是采用在交界面拐角处不连续的边缘元基函数（在拐角处两个三角形共享的边定义两个未知数，即不保证切向相等)，这里表示为$\tilde{\boldsymbol{N}}_m^{\Gamma}$。由于采用不连续的边缘基函数，这样会导致方程奇异，极大影响矩阵方程的迭代收敛性，尤其是交界面具有非共形网格的情况。为了解决这一问题，研究者基于磁通量散度为零($\nabla \cdot \boldsymbol{B} = 0$)的原则提出了拐角内罚条件（corner penalty, CP)，详细的推导公式此处不作介绍，结合图 3.2 所示情况给出具体的表达式，即

$$\sum_{M=1}^{8} \int_{l_c} \mu_{\mathrm{r}} S_M \frac{\theta_i}{2\pi} (\boldsymbol{J}_M \cdot \hat{\boldsymbol{t}}) \mathrm{d}l = 0 \quad \forall i \in \{1,2,3,4\} \tag{3.25}$$

其中，$\hat{\boldsymbol{t}}$ 为沿拐角边 l_c 的单位向量；S_M 为正负符号，当 M 为奇数时 $S_M = -1$，当 M 为偶数时 $S_M = 1$；θ_i 为子区域 Ω_i 在此拐角边处的角度，对于图 3.2 所示情况，$\theta_i = \pi/2$。以$\tilde{\boldsymbol{N}}_m^{\Gamma}$ 作为试函数实施伽略金方法离散方程(3.25)，将离散的矩阵按位置加入$[\boldsymbol{A}_m]^{-1}$和$[\boldsymbol{C}_{m,n}]$中即可，此加入拐角内罚条件的物理非共形施瓦兹型区域分解有限元方法简记为 Schwarz - DDM - PNC - CP。

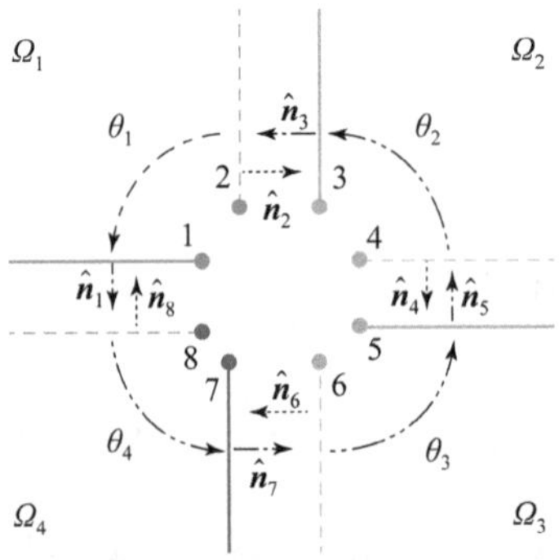

图 3.2　四个子区域共享一个拐角边

3.3　撕裂对接型区域分解有限元方法

不同于施瓦兹型区域分解有限元方法，撕裂对接型区域分解有限元方法则是将子区域的交接区域分类为交界面和拐角边，如图3.1（b）所示。子区域内部、区域边界和交界面处的电场描述与施瓦兹型区域分解有限元方法相同，分别采用式（3.1）、式（3.2）和式（3.3）所示的二阶波动方程、ABC 和 Robin 型传输条件表示。特殊之处在于子区域拐角边处采用狄利克雷（Dirichlet）型传输条件，即

$$\hat{\boldsymbol{t}}_{l_c} \cdot \boldsymbol{E}_m = \hat{\boldsymbol{t}}_{l_c} \cdot \boldsymbol{E}_n \quad 沿\ l_c \tag{3.26}$$

其中，l_c 为第 c 条拐角边；$\hat{\boldsymbol{t}}_{l_c}$ 为沿该拐角边的单位矢量。

在实施撕裂对接方法之前，需要对式（3.3）所示的 Robin 型传输条件进行处理以将子区域完全分离。文献[15]表明有两种方式：拉格朗日乘子方式和辅助变量方式。拉格朗日乘子方式是引入变量 $\boldsymbol{\Lambda}$ 代替 Robin 型传输条件中狄利克雷型传输条件和纽曼型传输条件的混合效果，即

$$\begin{cases} \hat{\boldsymbol{n}}_m \times \dfrac{1}{\mu_{\mathrm{r},m}} \nabla \times \boldsymbol{E}_m + \alpha \hat{\boldsymbol{n}}_m \times \boldsymbol{E}_m \times \hat{\boldsymbol{n}}_m = \boldsymbol{\Lambda}_m & 在\ \Gamma_{m,n} 面上 \\ \hat{\boldsymbol{n}}_n \times \dfrac{1}{\mu_{\mathrm{r},n}} \nabla \times \boldsymbol{E}_n + \alpha \hat{\boldsymbol{n}}_n \times \boldsymbol{E}_n \times \hat{\boldsymbol{n}}_n = \boldsymbol{\Lambda}_n & 在\ \Gamma_{n,m} 面上 \end{cases} \tag{3.27}$$

而辅助变量方式则与施瓦兹方法相同，将 Robin 型传输条件改写为

$$\begin{aligned} & -\mathrm{j}k_0 \boldsymbol{J}_m + \alpha \hat{\boldsymbol{n}}_m \times \boldsymbol{E}_m \times \hat{\boldsymbol{n}}_m = \\ & \mathrm{j}k_0 \boldsymbol{J}_n + \alpha \hat{\boldsymbol{n}}_n \times \boldsymbol{E}_n \times \hat{\boldsymbol{n}}_n \quad 在\ \Gamma_{m,n} 面上 \end{aligned} \tag{3.28}$$

因此，撕裂对接型区域分解有限元方法又可分为两种：基于拉格朗日乘子的撕裂对接型区域分解有限元方法（FETI - DP - LM）[15]和基于辅助变量的撕裂对接型区域分解有限元方法（FETI - DP - CE）[16-17]。

3.3.1 基于拉格朗日乘子的撕裂对接型区域分解有限元方法

首先介绍 FETI - DP - LM 方法的系统方程推导过程。根据有限元方法原理，首先采用四面体网格将子区域 Ω_m 进行空间离散，基于离散的网格，分别采用边缘元基函数 $\boldsymbol{N}_m$ 和 $\boldsymbol{N}_m^{\Gamma}$ 展开电场 $\boldsymbol{E}_m$ 和拉格朗日乘子 $\boldsymbol{\Lambda}_m$。借助基函数，对方程（3.1）、（3.2）和（3.27）分别实施伽略金方法进行离散，并将 3 个方程获得的矩阵组合获得

$$[\boldsymbol{K}_m]\{E_m\} = \{f_m\} - [\boldsymbol{B}_m^{\Gamma}]\{\lambda_m\} \tag{3.29}$$

其中

$$\begin{aligned}[\boldsymbol{K}_m] = & \int_{\Omega_m} (\nabla \times \boldsymbol{N}_m) \cdot \left(\frac{1}{\mu_{\mathrm{r},m}} \nabla \times \boldsymbol{N}_m\right)^{\mathrm{T}} - k_0^2 \varepsilon_{\mathrm{r},m} \boldsymbol{N}_m \cdot \boldsymbol{N}_m^{\mathrm{T}} \mathrm{d}v + \\ & \mathrm{j}k_0 \int_{\partial\Omega_m} (\hat{\boldsymbol{n}}_m \times \boldsymbol{N}_m) \cdot (\hat{\boldsymbol{n}}_m \times \boldsymbol{N}_m)^{\mathrm{T}} \mathrm{d}s - \\ & \alpha \int_{\Gamma_m} \boldsymbol{N}_m^{\Gamma} \cdot (\boldsymbol{N}_m^{\Gamma})^{\mathrm{T}} \mathrm{d}s \end{aligned} \tag{3.30}$$

$$[\boldsymbol{B}_m^{\Gamma}] = \int_{\Gamma_m} \boldsymbol{N}_m^{\Gamma} \cdot (\boldsymbol{N}_m^{\Gamma})^{\mathrm{T}} \mathrm{d}s \tag{3.31}$$

$$\{f_m\} = -\int_{\partial\Omega_m} \boldsymbol{N}_m \cdot \boldsymbol{U}_m^{\mathrm{Inc}} \mathrm{d}s \tag{3.32}$$

随后，将电场系数 $\{E_m\}$ 根据所在位置分为内部系数 $\{E_m^{\mathrm{I}}\}$、交界面系数 $\{E_m^{\Gamma}\}$ 和拐角边系数 $\{E_m^{\mathrm{c}}\}$ 三类。这样，式（3.29）可改写为

$$\begin{bmatrix} \boldsymbol{K}_m^{\mathrm{II}} & \boldsymbol{K}_m^{\mathrm{I}\Gamma} & \boldsymbol{K}_m^{\mathrm{Ic}} \\ \boldsymbol{K}_m^{\Gamma\mathrm{I}} & \boldsymbol{K}_m^{\Gamma\Gamma} & \boldsymbol{K}_m^{\Gamma\mathrm{c}} \\ \boldsymbol{K}_m^{\mathrm{cI}} & \boldsymbol{K}_m^{\mathrm{c}\Gamma} & \boldsymbol{K}_m^{\mathrm{cc}} \end{bmatrix} \begin{Bmatrix} E_m^{\mathrm{I}} \\ E_m^{\Gamma} \\ E_m^{\mathrm{c}} \end{Bmatrix} = \begin{Bmatrix} f_m^{\mathrm{I}} \\ f_m^{\Gamma} - [\boldsymbol{B}_m^{\Gamma}]\lambda_m \\ f_m^{\mathrm{c}} \end{Bmatrix} \tag{3.33}$$

为了下面叙述方便，将 $\{E_m^{\mathrm{I}}\}$ 和 $\{E_m^{\Gamma}\}$ 组合为 $\{E_m^{\mathrm{r}}\}$，则式（3.33）可写为下面更为紧凑的形式

$$\begin{bmatrix} \boldsymbol{K}_m^{\mathrm{rr}} & \boldsymbol{K}_m^{\mathrm{rc}} \\ \boldsymbol{K}_m^{\mathrm{cr}} & \boldsymbol{K}_m^{\mathrm{cc}} \end{bmatrix} \begin{Bmatrix} E_m^{\mathrm{r}} \\ E_m^{\mathrm{c}} \end{Bmatrix} = \begin{Bmatrix} f_m^{\mathrm{r}} - [\boldsymbol{R}_m^{\Gamma}]^{\mathrm{T}}[\boldsymbol{B}_m^{\Gamma}]\lambda_m \\ f_m^{\mathrm{c}} \end{Bmatrix} \tag{3.34}$$

其中，$[\boldsymbol{R}_m^{\Gamma}]$为布尔矩阵，满足$\{E_m^{\Gamma}\}=[\boldsymbol{R}_m^{\Gamma}]\{E_m^{\mathrm{r}}\}$，其他矩阵为

$$[\boldsymbol{K}_m^{\mathrm{rr}}]=\begin{bmatrix}\boldsymbol{K}_m^{\mathrm{II}} & \boldsymbol{K}_m^{\mathrm{I}\Gamma}\\ \boldsymbol{K}_m^{\Gamma\mathrm{I}} & \boldsymbol{K}_m^{\Gamma\Gamma}\end{bmatrix},\ [\boldsymbol{K}_m^{\mathrm{rc}}]=\begin{bmatrix}\boldsymbol{K}_m^{\mathrm{Ic}}\\ \boldsymbol{K}_m^{\Gamma\mathrm{c}}\end{bmatrix}$$
$$[\boldsymbol{K}_m^{\mathrm{cr}}]=[\boldsymbol{K}_m^{\mathrm{cI}}\quad \boldsymbol{K}_m^{\mathrm{c}\Gamma}],\ \{f_m^{\mathrm{r}}\}=\begin{Bmatrix}f_m^{\mathrm{I}}\\ f_m^{\Gamma}\end{Bmatrix} \tag{3.35}$$

从方程（3.34）的第一行可以获得

$$\{E_m^{\mathrm{r}}\}=[\boldsymbol{K}_m^{\mathrm{rr}}]^{-1}(\{f_m^{\mathrm{r}}\}-[\boldsymbol{R}_m^{\Gamma}]^{\mathrm{T}}[\boldsymbol{B}_m^{\Gamma}]\{\lambda_m\}-[\boldsymbol{K}_m^{\mathrm{rc}}]\{E_m^{\mathrm{c}}\}) \tag{3.36}$$

将式（3.36）代入方程（3.34）的第二行可消去$\{E_m^{\mathrm{r}}\}$得到

$$\begin{aligned}&([\boldsymbol{K}_m^{\mathrm{cc}}]-[\boldsymbol{K}_m^{\mathrm{cr}}][\boldsymbol{K}_m^{\mathrm{rr}}]^{-1}[\boldsymbol{K}_m^{\mathrm{rc}}])\{E_m^{\mathrm{c}}\}=\\ &\{f_m^{\mathrm{c}}\}-[\boldsymbol{K}_m^{\mathrm{cr}}][\boldsymbol{K}_m^{\mathrm{rr}}]^{-1}\{f_m^{\mathrm{r}}\}+\\ &[\boldsymbol{K}_m^{\mathrm{cr}}][\boldsymbol{K}_m^{\mathrm{rr}}]^{-1}[\boldsymbol{R}_m^{\Gamma}]^{\mathrm{T}}[\boldsymbol{B}_m^{\Gamma}]\{\lambda_m\}\end{aligned} \tag{3.37}$$

由于在拐角边处采用狄利克雷传输条件，因此可以在拐角处设置一个全局的电场变量，将所有拐角处的全局电场变量累加获得总的全局拐角变量系数$\{E^{\mathrm{c}}\}$，进一步引入布尔矩阵$[\boldsymbol{Q}_m^{\mathrm{c}}]$可将局部的$\{E_m^{\mathrm{c}}\}$从$\{E^{\mathrm{c}}\}$中提取出来，即$\{E_m^{\mathrm{c}}\}=[\boldsymbol{Q}_m^{\mathrm{c}}]\{E^{\mathrm{c}}\}$。另外，将所有子区域交界面的$\{\lambda_m\}$累加获得总的$\{\lambda\}$，并借助$[\boldsymbol{Q}_m^{\lambda}]$提取$\{\lambda_m\}$。式（3.37）可改写为

$$\begin{aligned}&([\boldsymbol{K}_m^{\mathrm{cc}}]-[\boldsymbol{K}_m^{\mathrm{cr}}][\boldsymbol{K}_m^{\mathrm{rr}}]^{-1}[\boldsymbol{K}_m^{\mathrm{rc}}])[\boldsymbol{Q}_m^{\mathrm{c}}]\{E^{\mathrm{c}}\}=\\ &\{f_m^{\mathrm{c}}\}-[\boldsymbol{K}_m^{\mathrm{cr}}][\boldsymbol{K}_m^{\mathrm{rr}}]^{-1}\{f_m^{\mathrm{r}}\}+\\ &[\boldsymbol{K}_m^{\mathrm{cr}}][\boldsymbol{K}_m^{\mathrm{rr}}]^{-1}[\boldsymbol{R}_m^{\Gamma}]^{\mathrm{T}}[\boldsymbol{B}_m^{\Gamma}][\boldsymbol{Q}_m^{\lambda}]\{\lambda\}\end{aligned} \tag{3.38}$$

随后，将来自N个子区域的式（3.38）累加获得一个关于全局拐角电场变量系数$\{E^{\mathrm{c}}\}$和拉格朗日乘子$\{\lambda\}$的方程，即

$$[\tilde{\boldsymbol{K}}_{\mathrm{cc}}]\{E^{\mathrm{c}}\}=\{\tilde{f}_{\mathrm{c}}\}-[\tilde{\boldsymbol{K}}_{\mathrm{cr}}]\{\lambda\} \tag{3.39}$$

其中

$$[\tilde{\boldsymbol{K}}_{\mathrm{cc}}]=\sum_{m=1}^{N}[\boldsymbol{Q}_m^{\mathrm{c}}]^{\mathrm{T}}([\boldsymbol{K}_m^{\mathrm{cc}}]-[\boldsymbol{K}_m^{\mathrm{cr}}][\boldsymbol{K}_m^{\mathrm{rr}}]^{-1}[\boldsymbol{K}_m^{\mathrm{rc}}])[\boldsymbol{Q}_m^{\mathrm{c}}] \tag{3.40}$$

$$[\tilde{\boldsymbol{K}}_{\mathrm{cr}}] = \sum_{m=1}^{N} [\boldsymbol{Q}_m^{\mathrm{c}}]^{\mathrm{T}} [\boldsymbol{K}_m^{\mathrm{cr}}] [\boldsymbol{K}_m^{\mathrm{rr}}]^{-1} [\boldsymbol{R}_m^{\Gamma}]^{\mathrm{T}} [\boldsymbol{B}_m^{\Gamma}] [\boldsymbol{Q}_m^{\lambda}] \tag{3.41}$$

$$\{\tilde{f}_{\mathrm{c}}\} = \sum_{m=1}^{N} [\boldsymbol{Q}_m^{\mathrm{c}}]^{\mathrm{T}} (\{f_m^{\mathrm{c}}\} - [\boldsymbol{K}_m^{\mathrm{cr}}] [\boldsymbol{K}_m^{\mathrm{rr}}]^{-1} \{f_m^{\mathrm{r}}\}) \tag{3.42}$$

接下来，从交界面上的 Robin 型传输条件出发，获得另外一个关于全局拐角电场变量系数$\{E^{\mathrm{c}}\}$和拉格朗日乘子$\{\boldsymbol{\lambda}\}$的方程。从式（3.27）出发，可获得下面等式

$$\begin{cases} \boldsymbol{\Lambda}_m + \boldsymbol{\Lambda}_n = 2\alpha \hat{\boldsymbol{n}}_n \times \boldsymbol{E}_n \times \hat{\boldsymbol{n}}_n & \text{在 } \Gamma_{m,n} \text{ 面上} \\ \boldsymbol{\Lambda}_n + \boldsymbol{\Lambda}_m = 2\alpha \hat{\boldsymbol{n}}_m \times \boldsymbol{E}_m \times \hat{\boldsymbol{n}}_m & \text{在 } \Gamma_{n,m} \text{ 面上} \end{cases} \tag{3.43}$$

采用伽略金方法对方程（3.43）进行离散，可以获得

$$[\boldsymbol{D}_m]\{\boldsymbol{\lambda}_m\} + [\boldsymbol{C}_{m,n}]\{\boldsymbol{\lambda}_n\} = 2\alpha [\boldsymbol{C}_{m,n}]\{E_n^{\Gamma}\} \tag{3.44}$$

其中

$$[\boldsymbol{D}_m] = \int_{\Gamma_{m,n}} \boldsymbol{N}_m^{\Gamma} \cdot (\boldsymbol{N}_m^{\Gamma})^{\mathrm{T}} \mathrm{d}s \tag{3.45}$$

$$[\boldsymbol{C}_{m,n}] = \int_{\Gamma_{m,n}} \boldsymbol{N}_m^{\Gamma} \cdot (\boldsymbol{N}_n^{\Gamma})^{\mathrm{T}} \mathrm{d}s \tag{3.46}$$

进一步，将式（3.36）代替式（3.44）中的$\{E_n^{\Gamma}\}$，获得

$$\begin{aligned} &[\boldsymbol{D}_m]\{\boldsymbol{\lambda}_m\} + [\boldsymbol{C}_{m,n}]\{\boldsymbol{\lambda}_n\} = 2\alpha [\boldsymbol{C}_{m,n}][\boldsymbol{R}_n^{\Gamma}][\boldsymbol{K}_n^{\mathrm{rr}}]^{-1} \times \\ &(\{f_n^{\mathrm{r}}\} - [\boldsymbol{R}_n^{\Gamma}]^{\mathrm{T}}[\boldsymbol{B}_n^{\Gamma}]\{\boldsymbol{\lambda}_n\} - [\boldsymbol{K}_n^{\mathrm{rc}}]\{E_n^{\mathrm{c}}\}) \end{aligned} \tag{3.47}$$

将$[\boldsymbol{D}_m]^{-1}$乘上式（3.47）并将所有子区域的交界面的贡献累加，获得另外一个关于全局拐角变量系数$\{E^{\mathrm{c}}\}$和拉格朗日乘子$\{\boldsymbol{\lambda}\}$的方程，即

$$[\tilde{\boldsymbol{K}}_{\lambda\lambda}]\{\boldsymbol{\lambda}\} + [\tilde{\boldsymbol{K}}_{\lambda\mathrm{c}}]\{E^{\mathrm{c}}\} = \{\tilde{f}_{\lambda}\} \tag{3.48}$$

其中

$$\begin{aligned} [\tilde{\boldsymbol{K}}_{\lambda\lambda}] = [\boldsymbol{I}] + \sum_{m=1}^{N} [\boldsymbol{Q}_m^{\lambda}]^{\mathrm{T}} \sum_{n \in \{m\text{的相邻子区域}\}} [\boldsymbol{D}_m]^{-1} \times \\ ([\boldsymbol{C}_{m,n}] - 2\alpha [\boldsymbol{C}_{m,n}][\boldsymbol{R}_n^{\Gamma}][\boldsymbol{K}_n^{\mathrm{rr}}]^{-1}[\boldsymbol{R}_n^{\Gamma}]^{\mathrm{T}}[\boldsymbol{B}_n^{\Gamma}])[\boldsymbol{Q}_n^{\lambda}] \end{aligned} \tag{3.49}$$

$$\begin{aligned} [\tilde{\boldsymbol{K}}_{\lambda\mathrm{c}}] = -\sum_{m=1}^{N} [\boldsymbol{Q}_m^{\lambda}]^{\mathrm{T}} \sum_{n \in \{m\text{的相邻子区域}\}} 2\alpha [\boldsymbol{D}_m]^{-1} \times \\ [\boldsymbol{C}_{m,n}][\boldsymbol{R}_n^{\Gamma}][\boldsymbol{K}_n^{\mathrm{rr}}]^{-1}[\boldsymbol{K}_n^{\mathrm{rc}}][\boldsymbol{Q}_m^{\mathrm{c}}] \end{aligned} \tag{3.50}$$

$$\{\tilde{f}_\lambda\} = \sum_{m=1}^{N} [\boldsymbol{Q}_m^\lambda]^{\mathrm{T}} \sum_{n\in\{m\text{的相邻子区域}\}} 2\alpha [\boldsymbol{D}_m]^{-1}[\boldsymbol{C}_{m,n}][\boldsymbol{R}_n^\Gamma][\boldsymbol{K}_n^{\Gamma\Gamma}]^{-1}\{f_n^\Gamma\} \tag{3.51}$$

方程（3.39）和（3.48）联合获得如下完备的方程

$$\begin{bmatrix} \tilde{\boldsymbol{K}}_{\lambda\lambda} & \tilde{\boldsymbol{K}}_{\lambda c} \\ \tilde{\boldsymbol{K}}_{c\lambda} & \tilde{\boldsymbol{K}}_{cc} \end{bmatrix} \begin{Bmatrix} \boldsymbol{\lambda} \\ E^c \end{Bmatrix} = \begin{Bmatrix} \tilde{f}_\lambda \\ \tilde{f}_c \end{Bmatrix} \tag{3.52}$$

考虑到全局拐角变量的数量往往很少，因此借助$[\tilde{\boldsymbol{K}}_{cc}]^{-1}$很容易消去$\{E^c\}$获得一个只关于拉格朗日乘子$\{\boldsymbol{\lambda}\}$的系统方程，即

$$([\tilde{\boldsymbol{K}}_{\lambda\lambda}] - [\tilde{\boldsymbol{K}}_{\lambda c}][\tilde{\boldsymbol{K}}_{cc}]^{-1}[\tilde{\boldsymbol{K}}_{c\lambda}])\{\boldsymbol{\lambda}\} = \{\tilde{f}_\lambda\} - [\tilde{\boldsymbol{K}}_{\lambda c}][\tilde{\boldsymbol{K}}_{cc}]^{-1}\{\tilde{f}_c\} \tag{3.53}$$

方程（3.53）便是基于拉格朗日乘子的撕裂对接型区域分解有限元方法最终求解的系统方程。

3.3.2 基于辅助变量的撕裂对接型区域分解有限元方法

该方法与物理非共形施瓦兹型区域分解有限元方法非常相似，不同点是在子区域拐角边设置了全局电场变量，且不设置局部的辅助变量，因此系统公式推导过程相对复杂，与基于拉格朗日乘子的撕裂对接型区域分解有限元方法相同。

基于离散的四面体网格，采用边缘元基函数$\boldsymbol{N}_m$和$\boldsymbol{N}_m^\Gamma$分别展开电场$\boldsymbol{E}_m$和辅助变量$\boldsymbol{J}_m$，然后，实施伽略金方法离散方程（3.1）、（3.2）和（3.28），而且将电场系数分类为$\{E_m^{\mathrm{I}}\}$、$\{E_m^\Gamma\}$和$\{E_m^c\}$，则可获得关于第m个子区域的矩阵方程，即

$$\begin{bmatrix} \boldsymbol{K}_m^{\mathrm{II}} & \boldsymbol{K}_m^{\mathrm{I}\Gamma} & \boldsymbol{K}_m^{\mathrm{Ic}} & 0 \\ \boldsymbol{K}_m^{\Gamma\mathrm{I}} & \boldsymbol{K}_m^{\Gamma\Gamma} & \boldsymbol{K}_m^{\Gamma c} & \boldsymbol{B}_m \\ \boldsymbol{K}_m^{c\mathrm{I}} & \boldsymbol{K}_m^{c\Gamma} & \boldsymbol{K}_m^{cc} & 0 \\ 0 & \bar{\boldsymbol{B}}_m & 0 & \boldsymbol{D}_m \end{bmatrix} \begin{Bmatrix} E_m^{\mathrm{I}} \\ E_m^\Gamma \\ E_m^c \\ J_m \end{Bmatrix} = \begin{Bmatrix} f_m^{\mathrm{I}} \\ f_m^\Gamma \\ f_m^c \\ g_m \end{Bmatrix} \tag{3.54}$$

其中

$$[\boldsymbol{K}_m] = \int_{\Omega_m} (\nabla \times \boldsymbol{N}_m) \cdot \left(\frac{1}{\mu_{\mathrm{r},m}} \nabla \times \boldsymbol{N}_m\right)^{\mathrm{T}} - k_0^2 \varepsilon_{\mathrm{r},m} \boldsymbol{N}_m \cdot \boldsymbol{N}_m^{\mathrm{T}} \mathrm{d}v + \mathrm{j}k_0 \int_{\partial\Omega_m} (\hat{\boldsymbol{n}}_m \times \boldsymbol{N}_m) \cdot (\hat{\boldsymbol{n}}_m \times \boldsymbol{N}_m)^{\mathrm{T}} \mathrm{d}s \tag{3.55}$$

$$[\boldsymbol{B}_m] = -\mathrm{j}k_0 \int_{\Gamma_m} \boldsymbol{N}_m^{\Gamma} \cdot (\boldsymbol{N}_m^{\Gamma})^{\mathrm{T}} \mathrm{d}s \tag{3.56}$$

$$[\bar{\boldsymbol{B}}_m] = \alpha \int_{\Gamma_m} \boldsymbol{N}_m^{\Gamma} \cdot (\boldsymbol{N}_m^{\Gamma})^{\mathrm{T}} \mathrm{d}s \tag{3.57}$$

$$[\boldsymbol{D}_m] = -\mathrm{j}k_0 \int_{\Gamma_m} \boldsymbol{N}_m^{\Gamma} \cdot (\boldsymbol{N}_m^{\Gamma})^{\mathrm{T}} \mathrm{d}s \tag{3.58}$$

$$\{g_m\} = \sum_{n \in \{m\text{的相邻子区域}\}} [\boldsymbol{F}_{m,n} \quad \boldsymbol{G}_{m,n}] \begin{Bmatrix} E_n^{\Gamma} \\ J_n \end{Bmatrix} \tag{3.59}$$

将$\{E_m^{\mathrm{c}}\}$和$\{J_m\}$的顺序对调，然后将$\{E_m^{\mathrm{I}}\}$、$\{E_m^{\Gamma}\}$和$\{J_m\}$组合为$\{x_m^{\mathrm{r}}\}$，则式（3.54）可改写成下面紧凑的形式

$$\begin{bmatrix} \boldsymbol{K}_m^{\mathrm{rr}} & \boldsymbol{K}_m^{\mathrm{rc}} \\ \boldsymbol{K}_m^{\mathrm{cr}} & \boldsymbol{K}_m^{\mathrm{cc}} \end{bmatrix} \begin{Bmatrix} x_m^{\mathrm{r}} \\ E_m^{\mathrm{c}} \end{Bmatrix} = \begin{Bmatrix} f_m^{\mathrm{r}} + [\boldsymbol{R}_m^{\Gamma J}]^{\mathrm{T}} g_m \\ f_m^{\mathrm{c}} \end{Bmatrix} \tag{3.60}$$

其中，$[\boldsymbol{R}_m^{\Gamma J}]$为引入的布尔矩阵，满足$\{J_m\} = [\boldsymbol{R}_m^{\Gamma J}]\{x_m^{\mathrm{r}}\}$。为了后面叙述方便，同理引入$[\boldsymbol{R}_m^{\Gamma}]$。

通过方程（3.60）的第一行可以得到

$$\{x_m^{\mathrm{r}}\} = [\boldsymbol{K}_m^{\mathrm{rr}}]^{-1}(\{f_m^{\mathrm{r}}\} + [\boldsymbol{R}_m^{\Gamma J}]^{\mathrm{T}}\{g_m\} - [\boldsymbol{K}_m^{\mathrm{rc}}]\{E_m^{\mathrm{c}}\}) \tag{3.61}$$

将N个子区域的式（3.61）聚合，可以得到一个关于全局电场变量系数$\{E^{\mathrm{c}}\}$和交界面变量系数$\{x^{\Gamma}\}$的方程，即

$$[\tilde{\boldsymbol{K}}_{x^{\Gamma}x^{\Gamma}}]\{x^{\Gamma}\} + [\tilde{\boldsymbol{K}}_{x^{\Gamma}\mathrm{c}}]\{E^{\mathrm{c}}\} = \{\tilde{f}_{x^{\Gamma}}\} \tag{3.62}$$

其中

$$[\tilde{\boldsymbol{K}}_{x^{\Gamma}x^{\Gamma}}] = [\boldsymbol{I}] - \sum_{m=1}^{N} [\boldsymbol{Q}_m^{x^{\Gamma}}]^{\mathrm{T}} [\boldsymbol{R}_m^{\Gamma}] [\boldsymbol{K}_m^{\mathrm{rr}}]^{-1} [\boldsymbol{R}_m^{\Gamma J}]^{\mathrm{T}} \times \sum_{n \in \{m\text{的相邻子区域}\}} [\boldsymbol{F}_{m,n} \quad \boldsymbol{G}_{m,n}][\boldsymbol{Q}_n^{x^{\Gamma}}] \tag{3.63}$$

$$[\tilde{\boldsymbol{K}}_{x^{\Gamma}\mathrm{c}}] = \sum_{m=1}^{N} [\boldsymbol{Q}_m^{x^{\Gamma}}]^{\mathrm{T}}[\boldsymbol{R}_m^{\Gamma}][\boldsymbol{K}_m^{\mathrm{rr}}]^{-1}[\boldsymbol{K}_m^{\mathrm{rc}}][\boldsymbol{Q}_m^{\mathrm{c}}] \tag{3.64}$$

$$\{\tilde{f}_{x^{\Gamma}}\} = \sum_{m=1}^{N} [\boldsymbol{Q}_m^{x^{\Gamma}}]^{\mathrm{T}}[\boldsymbol{R}_m^{\Gamma}][\boldsymbol{K}_m^{\mathrm{rr}}]^{-1}\{f_m^{\mathrm{r}}\} \tag{3.65}$$

式中，$[\boldsymbol{Q}_m^{x^{\Gamma}}]$和$[\boldsymbol{Q}_m^{\mathrm{c}}]$都是布尔矩阵，分别满足$\{x_m^{\Gamma}\} = [\boldsymbol{Q}_m^{x^{\Gamma}}]\{x^{\Gamma}\}$和$\{E_m^{\mathrm{c}}\} = [\boldsymbol{Q}_m^{\mathrm{c}}]\{E^{\mathrm{c}}\}$。

随后，参考基于拉格朗日乘子的撕裂对接型区域分解有限元方法中的式（3.39）获得过程，将式（3.61）代入式（3.60）的第二行，并将N个子区域的贡献累加，可获得另外一个关于全局电场变量系数$\{E^{\mathrm{c}}\}$和交界面变量系数$\{x^{\Gamma}\}$的方程，即

$$[\tilde{\boldsymbol{K}}_{\mathrm{c}x^{\Gamma}}]\{x^{\Gamma}\} + [\tilde{\boldsymbol{K}}_{\mathrm{cc}}]\{E^{\mathrm{c}}\} = \{\tilde{f}_{\mathrm{c}}\} \tag{3.66}$$

其中

$$\begin{aligned}[\tilde{\boldsymbol{K}}_{\mathrm{c}x^{\Gamma}}] = &\sum_{m=1}^{N} [\boldsymbol{Q}_m^{\mathrm{c}}]^{\mathrm{T}}[\boldsymbol{K}_m^{\mathrm{cr}}][\boldsymbol{K}_m^{\mathrm{rr}}]^{-1}[\boldsymbol{R}_m^{\Gamma J}]^{\mathrm{T}} \times \\ &\sum_{n\in\{m\text{的相邻子区域}\}} [\boldsymbol{F}_{m,n} \quad \boldsymbol{G}_{m,n}][\boldsymbol{Q}_n^{x^{\Gamma}}]\end{aligned} \tag{3.67}$$

$$[\tilde{\boldsymbol{K}}_{\mathrm{cc}}] = \sum_{m=1}^{N} [\boldsymbol{Q}_m^{\mathrm{c}}]^{\mathrm{T}}([\boldsymbol{K}_m^{\mathrm{cc}}] - [\boldsymbol{K}_m^{\mathrm{cr}}][\boldsymbol{K}_m^{\mathrm{rr}}]^{-1}[\boldsymbol{K}_m^{\mathrm{rc}}])[\boldsymbol{Q}_m^{\mathrm{c}}] \tag{3.68}$$

$$[\tilde{f}_{\mathrm{c}}] = \sum_{m=1}^{N} [\boldsymbol{Q}_m^{\mathrm{c}}]^{\mathrm{T}}(\{f_m^{\mathrm{c}}\} - [\boldsymbol{K}_m^{\mathrm{cr}}][\boldsymbol{K}_m^{\mathrm{rr}}]^{-1}\{f_m^{\mathrm{r}}\}) \tag{3.69}$$

联立方程（3.62）和（3.66）获得

$$\begin{bmatrix} \tilde{\boldsymbol{K}}_{x^{\Gamma}x^{\Gamma}} & \tilde{\boldsymbol{K}}_{x^{\Gamma}\mathrm{c}} \\ \tilde{\boldsymbol{K}}_{\mathrm{c}x^{\Gamma}} & \tilde{\boldsymbol{K}}_{\mathrm{cc}} \end{bmatrix} \begin{Bmatrix} x^{\Gamma} \\ E^{\mathrm{c}} \end{Bmatrix} = \begin{Bmatrix} \tilde{f}_{x^{\Gamma}} \\ \tilde{f}_{\mathrm{c}} \end{Bmatrix} \tag{3.70}$$

显然，通过式（3.70）容易消去$\{E^{\mathrm{c}}\}$获得最终的基于辅助变量的撕裂对接型区域分解有限元方法的系统方程，即

$$([\tilde{\boldsymbol{K}}_{x^{\Gamma}x^{\Gamma}}] - [\tilde{\boldsymbol{K}}_{x^{\Gamma}\mathrm{c}}][\tilde{\boldsymbol{K}}_{\mathrm{cc}}]^{-1}[\tilde{\boldsymbol{K}}_{\mathrm{c}x^{\Gamma}}])\{x^{\Gamma}\} = \{\tilde{f}_{x^{\Gamma}}\} - [\tilde{\boldsymbol{K}}_{x^{\Gamma}\mathrm{c}}][\tilde{\boldsymbol{K}}_{\mathrm{cc}}]^{-1}\{\tilde{f}_{\mathrm{c}}\} \tag{3.71}$$

3.4 数值算例

本节将通过一系列典型、具有代表性的数值算例来展现并研究以上5种区域分解有限元方法的准确性、高效性、迭代收敛性和计算能力。所有的实验统一采用GMRES迭代求解器对整个系统方程进行迭代求解，求解过程中相关逆矩阵都采用MUMPS直接求解器得到，迭代收敛阈值均设置为10^{-6}。

3.4.1 同心多层介质球散射

该同心介质球由五层介质球壳组成，如图3.3所示，由内向外的半径分别为0.4 m、0.6 m、0.8 m、1.0 m和1.5 m，相对介电常数ε_r分别为1.0、2.0、3.0、4.0、1.0。将目标划分为8个子区域，四面体网格的平均边长为$h=\lambda_0/32$，子区域间是共形网格。使用上述5种区域分解有限元方法计算该目标在频率为300 MHz，入射角度为$\theta=0°$，$\varphi=0°$的平面波照射下的双站RCS。RCS计算结果如图3.4所示，迭代收敛曲线如图3.5所示。

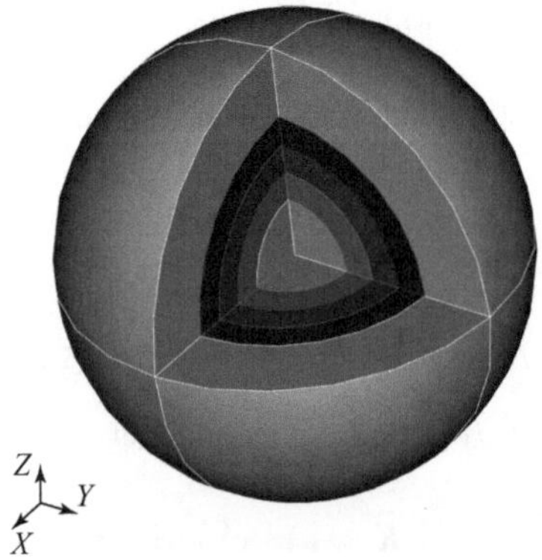

图3.3 同心介质球示意图

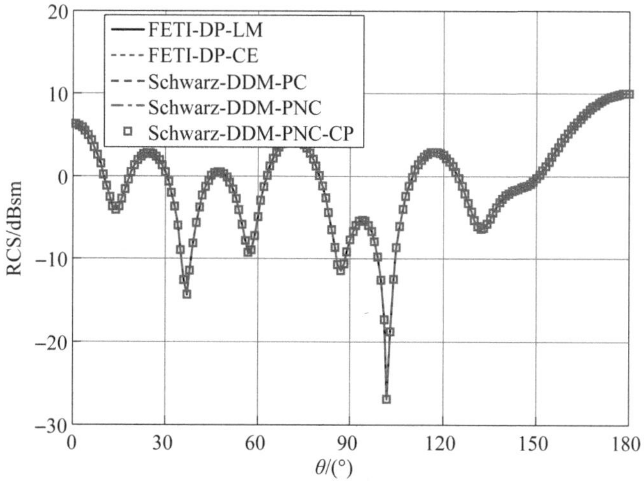

图3.4　5种区域分解有限元方法计算同心球在 *xz* 平面上的双站 RCS（附彩插）

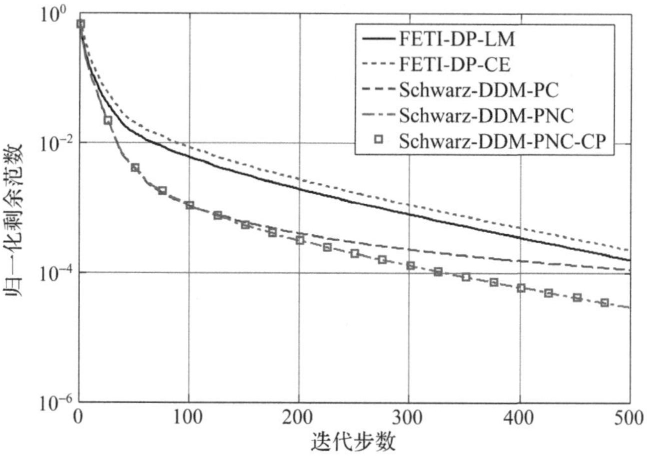

图3.5　5种区域分解有限元方法计算同心球双站散射问题时的收敛曲线

从图3.4中可以看出，5种方法计算的结果吻合很好，重点关注它们的迭代性。对于该目标，由于介质为无耗非均匀介质，且介电常数较大，5种方法都不能收敛到 10^{-6}。施瓦兹型略好于撕裂对接型区域分解有限元方法，由于是共形网格，对于物理非协调施瓦兹型区域分解有限元方法，加入或者不加入拐角内罚条件其迭代性不变。

3.4.2 介质立方块散射

如图 3.6 所示，该介质立方块的边长为 2.0 m，距离该目标 0.5 m 处设置吸收边界条件，因此它周围有 0.5 m 厚的空气。介质立方块的相对介电常数为$\varepsilon_r=2.0$。将计算区域分别沿三个坐标均匀分解为 6 份，因此共有 216 个子区域。采用平均边长为 $h=\lambda_0/20$ 的四面体进行剖分。交界面是非共形网格，拐角边是共形网格。使用上述 5 种区域分解有限元方法计算该目标在频率为 300 MHz，入射角度为 $\theta=0°,\varphi=0°$的平面波照射下的双站 RCS。RCS 计算结果如图 3.7 所示，迭代收敛曲线如图 3.8 所示。

图 3.6　带有外围自由空间的介质立方块

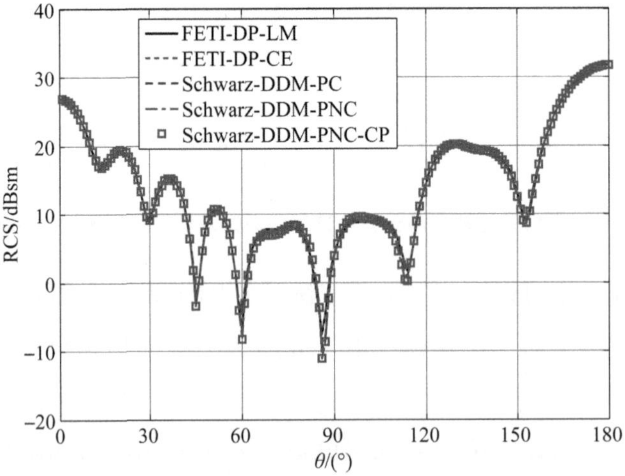

图 3.7　5 种区域分解有限元方法计算介质立方块在 xz 平面上的双站 RCS（附彩插）

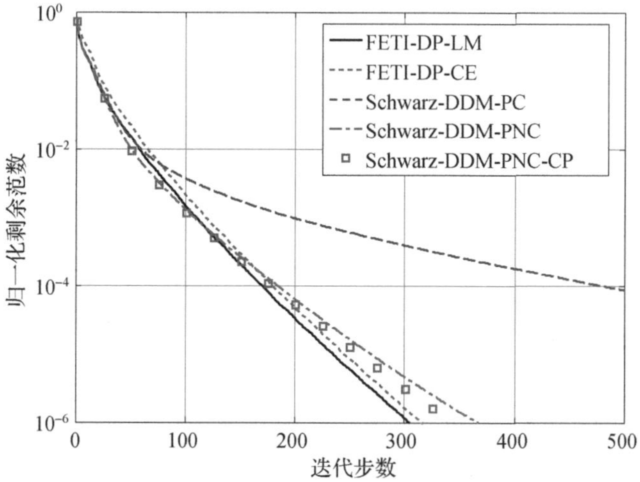

图 3.8　5 种区域分解有限元方法计算介质立方块双站散射问题时的收敛曲线

比较图 3.8 的 5 条曲线，对于施瓦兹型区域分解有限元方法，物理共形类的收敛性比物理非共形类的差很多，无法收敛到 10^{-6}，由于交界面有非共形网格，拐角边内罚条件能稍微改善物理非共形施瓦兹型区域分解有限元方法的收敛性。此外，两类撕裂对接型区域分解有限元方法的收敛性非常相似，比物理非共形施瓦兹型区域分解有限元方法略好。

3.4.3　FSS 阵列散射

考虑一个含 20×20 个单元的狭缝型 FSS 阵列的散射问题，该狭缝型 FSS 阵列的单元结构和尺寸如图 3.9 所示。采用区域分解有限元方法进行计算，距离该目标 15 mm 处设置吸收边界条件。对该目标的计算区域沿 x 和 y 方向分别划分为 12 份，可将其分类为 4 种子区域，网格剖分如图 3.10 所示。很明显，子区域间在交界面和拐角处的网格都是非共形的。入射平面波的频率为 9 000 MHz，入射角度为 $\theta=0°$，$\varphi=0°$。5 种区域分解有限元方法计算获得的 RCS 如图 3.11 所示，迭代收敛曲线如图 3.12 所示。

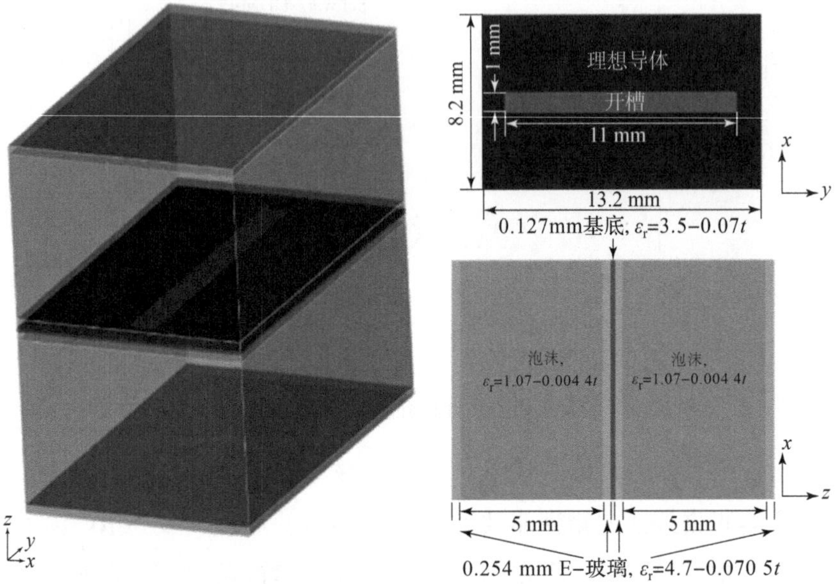

图 3.9　狭缝型 FSS 单元结构与尺度

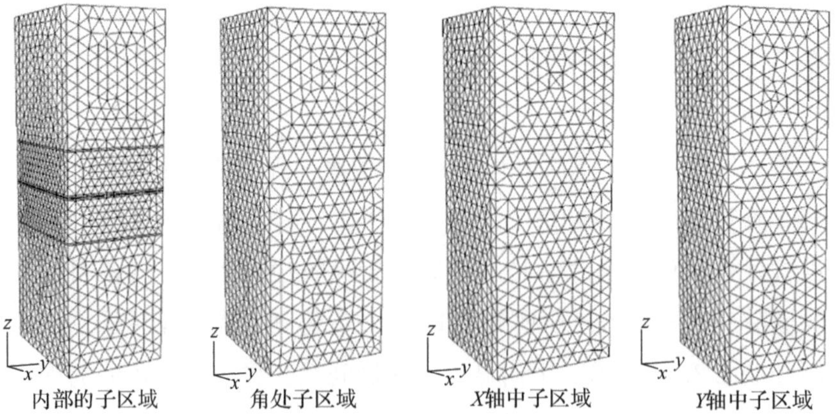

图 3.10　4 种类型子区域网格剖分示意图

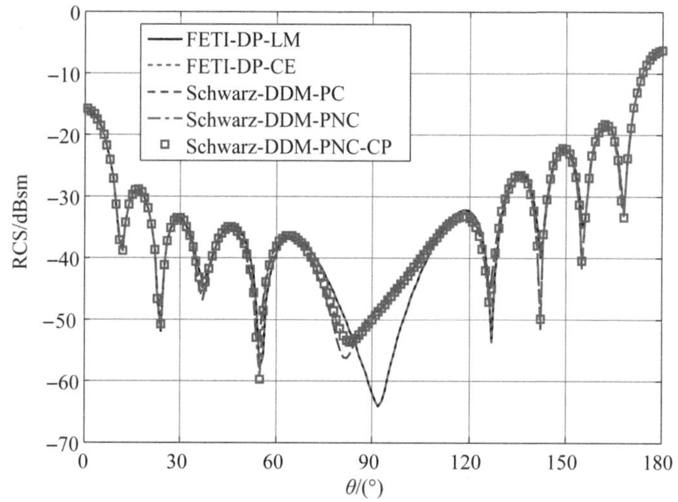

图 3.11　5 种区域分解有限元方法计算 FSS 阵列在 xz 平面上的双站 RCS（附彩插）

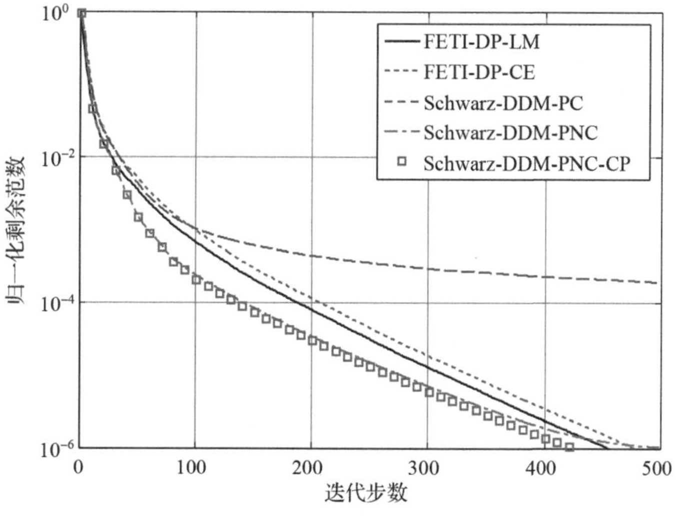

图 3.12　5 种区域分解有限元方法计算 FSS 阵列双站散射问题时的收敛曲线

仔细观察图 3.12 的收敛曲线。首先，物理共形施瓦兹型区域分解有限元方法的收敛性是最差的，无法收敛到 10^{-6}。其次，如果不加入拐角内罚条件，物理非共形施瓦兹型区域分解有限元方法在 500 步之内也无法收敛到 10^{-6}，这体现出拐角内罚条件在非共形网格情况下对该方法的重要性。最后，拉格朗日型撕裂对接方法、辅助变量型撕裂对接方法和带有内罚条件的物理非共形施瓦兹型方法的收敛性相当。

3.5 小　结

本章主要详细介绍了5种区域分解有限元方法的异同、系统方程的推导和数值性能的研究。通过丰富的数值实验验证，可以将5种区域分解有限元方法的数值性能总结为如下几点：①物理共形施瓦兹型区域分解有限元方法是5种方法中实现起来最简单，但是收敛性最差的方法；②对于物理非共形施瓦兹型区域分解有限元方法，在子区域存在非共形网格的情况下，必须加入拐角内罚条件才能保证良好的收敛性；③两种撕裂对接型区域分解有限元方法的实现比带有内罚条件的物理非共形施瓦兹型方法更加复杂，但这三类方法的收敛性相当。

参考文献

[1] Després B, Joly P, Roberts J E. A Domain Decomposition Method for the Harmonic Maxwell Equations [C]. Iterative Methods in Linear Algebra. Amsterdam: Elsevier, 1992: 475-484.

[2] Stupfel B. A Fast-Domain Decomposition Method for the Solution of Electromagnetic Scattering by Large Objects [J]. IEEE Trans. Antennas Propagat., 1996, 44 (10): 1375-1385.

[3] Stupfel B, Mognot M. A Domain Decomposition Method for the Vector Wave Equation [J]. IEEE Trans. Antennas Propagat., 2000, 48 (5): 653-660.

[4] Lee S C, Vouvakis M N, Lee J F. A Non-Overlapping Domain

Decomposition Method with Non-Matching Grids for Modeling Large Finite Antenna Arrays [J]. J. Comput. Phys., 2005, 203 (1): 1-21.

[5] Vouvakis M N, Cendes Z, Lee J F. A FEM Domain Decomposition Method for Photonic and Electromagnetic Band Gap Structures [J]. IEEE Trans. Antennas Propagat., 2006, 54 (2): 721-733.

[6] Zhao K, Rawat V, Lee J F, et al. A Domain Decomposition Method with Non-Conformal Meshes for Finite Periodic and Semi-Periodic Structures [J]. IEEE Trans. Antennas Propagat., 2007, 55 (9): 2559-2570.

[7] Lü Z Q, An X, Hong W. A Fast Domain Decomposition Method for Solving Three-Dimensional Large-Scale Electromagnetic Problems [J]. IEEE Trans. Antennas Propagat., 2008, 56 (8): 2200-2210.

[8] Peng Z, Rawat V, Lee J F. One Way Domain Decomposition Method with Second Order Transmission Conditions for Solving Electromagnetic Wave Problems [J]. J. Comput. Phys., 2010, 229: 1181-1197.

[9] Peng Z, Lee J F. Non-conformal Domain Decomposition Method with Second-Order Transmission Conditions for Time-Harmonic Electromagnetics [J]. J. Comput. Phys., 2010, 229: 5615-5629.

[10] Peng Z, Lee J F. Non-Conformal Domain Decomposition Method with Mixed True Second Order Transmission Condition for Solving Large Finite Antenna Arrays [J]. IEEE Trans. Antennas Propagat., 2011, 59 (5): 1638-1651.

[11] Peng Z, Lee J F. A Scalable Nonoverlapping and Nonconformal Domain Decomposition Method for Solving Time-Harmonic Maxwell equations in R3 [J]. SIAM J. Sci. Comput., 2012, 34 (3):

1266 - 1295.

[12] Wolfe C T, Navsariwala U, Gedney S D. A Parallel Finite Element Tearing and Interconnecting Algorithm for Solution of the Vector Wave Equation with PML Absorbing Medium [J]. IEEE Trans. Antennas Propagat., 2000, 48 (2): 278 - 284.

[13] Li Y, Jin J M. A Vector Dual-Primal Finite Element Tearing and Interconnecting Method for Solving 3D Large-Scale Electromagnetic Problems [J]. IEEE Trans. Antennas Propagat., 2006, 54 (10): 3000 - 3009.

[14] Li Y J, Jin J M. A New Dual-Primal Domain Decomposition Approach for Finite Element Simulation of 3D Large-Scale Electromagnetic Problems [J]. IEEE Trans. Antennas Propagat., 2007, 55 (10): 2803 - 2810.

[15] Xue M F, Jin J M. Nonconformal FETI-DP Methods for Large-Scale Electromagnetic Simulation [J]. IEEE Trans. Antennas Propagat., 2012, 60 (9): 4291 - 4305.

[16] Xue M F, Jin J M. A Hybrid Conformal/Nonconformal Domain Decomposition Method for Multi-Region Electromagnetic Modeling [J]. IEEE Trans. Antennas Propagat., 2014, 62 (4): 2009 - 2021.

[17] Xue M F, Jin J M. A Preconditioned Dual-Primal Finite Element Tearing and Interconnecting Method for Solving Three-Dimensional Time-Harmonic Maxwell's Equations [J]. J. Comput. Phys., 2014, 274 (1): 920 - 935.

第 4 章
边界积分方程的不连续伽略金区域分解方法

4.1 引　　言

边界积分方程（BI）作为 FE－BI 方法的核心要素，在解决电磁散射问题时扮演着关键角色。在求解 BI 的具体流程中，通常选用如 RWG 基函数这样根据三角形网格构建的散度共形基函数，这从侧面反映出，网格的品质优劣对最终求解结果的精确程度和收敛性能有着重要影响。现实工程场景下的大型模型往往由无数结构各异且尺寸不一的结构拼接而成，若要保证各结构之间网格的共形衔接和连续性，目前商用的自动网格剖分软件虽能提供解决方案，但过程却相当耗时且繁复。软件需投入大量计算资源进行多次的剖分调整和错误修复，即便如此，仍有可能因网格间的微小缝隙而导致即使算法达到收敛状态，也无法获得正确的数值解。在工程设计不断迭代优化的过程中，每当修改某一结构细节时，都必须重新对整个模型进行网格剖分，这大幅降低了设计流程的效率。

鉴于此，边界积分方程的区域分解方法（DDM）作为应对复杂大尺度模型计算挑战的有效手段得以发展和广泛应用。在众多 DDM 技术分支中，不连续伽略金（discontinuous galerkin，DG）区域分解方法尤为引人注目。该方法具备独特优势，不仅能够妥善处理含有非共形网格的复杂模型，而且允许基函数和试函数都采用平方可积向量函数空间（square - integrable vector function spaces），从而彰显出卓越的适应性和灵活性。目前 DG 已在针对非穿透型 PEC 目标[1]、阻抗边界条件（IBC）目标[2]、材料均匀可穿透目标[3]及材料分段均匀目标[4-5]的电磁散射问题中得到广泛应用。

4.2 区域分解与基函数空间

第 2 章介绍了一个区域的理想金属导体目标的散射问题，本节将介绍如何使用基于 CFIE 的 DG 方法处理多个区域的理想金属导体目标电磁散射问题。

区域分解方法的第一步是将整个计算域分解成几个小的子区域。对于 DG DDM，表面 S 被分解成若干个互不重叠的非闭合表面（子区域），如图 4.1 所示。为了简单且不失一般性，考虑子区域的数量为 $M=3$，即 $S=S_1\cup S_2\cup S_3$。每个子区域都是面 S 的一部分。原始表面 S 上的子区域 S_i 的边界用 C_i 表示，而 $\hat{\boldsymbol{t}}_i$ 是在 C_i 上与 S_i 相切的对应的外部单位法向量。此外，两个相邻子区域 S_i 和 S_j 之间的轮廓边界分别用 C_{ij} 和 C_{ji} 表示，C_{ij} 代表与 S_j 交界的 S_i 的边界线。同理，定义由子区域 S_i 指向子区域 S_j 的单位法向量 $\hat{\boldsymbol{t}}_{ij}$。

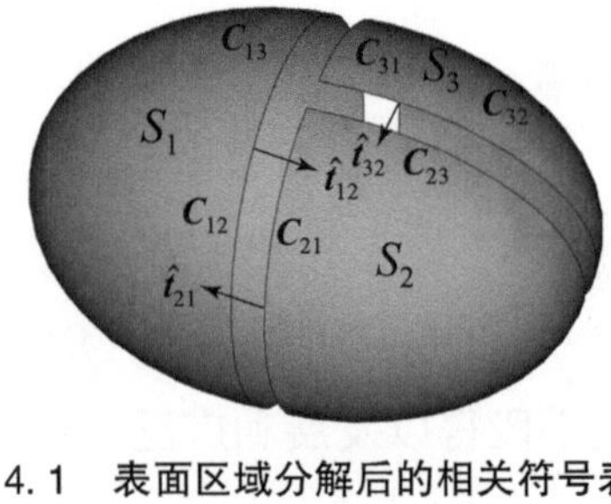

图 4.1 表面区域分解后的相关符号表示

在上述定义下，电流可以写作 $\boldsymbol{J}=\oplus_{i=1}^{M}\boldsymbol{J}_i$。在不连续伽略金区域

分解方法中，每个子区域 S_i 的试验函数空间 u_i 是独立构造的，在每个子区域 S_i 内，$\boldsymbol{u}_i(r) \in H^{-1/2}(\mathbf{div}_\tau, S_i)$是局部近似。空间 $H^{-1/2}(\mathbf{div}_\tau, S_i)$ 定义为

$$H^{-1/2}(\mathbf{div}_\tau, S_i) := \{\boldsymbol{u} \in H^{-1/2}(S_i) \mid \nabla_\tau \cdot \boldsymbol{u} \in H^{-1/2}(S_i)\} \tag{4.1}$$

具体来说，对 $\boldsymbol{u}_i(r)$的要求是函数及其表面散度在 S_i 中都具有有限能量。因此，可以选择其在每个子区域 S_i 内的沿平面法线分量连续但可以在子区域边界之间不连续的函数作为试函数。这样，可以采用加以拓展的 RWG 基函数[6]来离散该基函数空间。如图 4.2 所示，首先基于三角形面元独立地对每个子区域 S_i 进行网格划分。当网格的边位于 S_i 内部时，相对应的传统 RWG 基函数被定义。对于在边界 C_i 上的边，鉴于与这种边相邻的三角形只有一个，需要定义特殊的 RWG 基函数，这些基函数被称为半 RWG 函数或 monopolar - RWG 函数[7]。图 4.2 中，l_i^n 为子区域 S_i 的第 n 条边的长度，A_i^{n+} 为三角形 T_i^{n+}的面积。

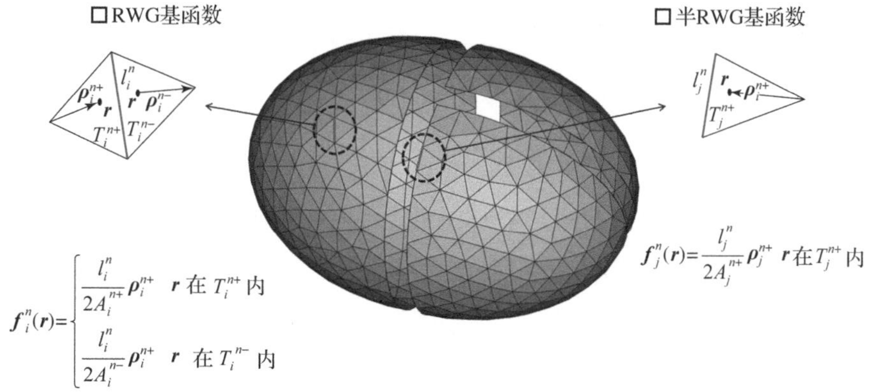

图 4.2　用于离散基函数空间的两种 RWG 基函数

尽管每个子区域的基函数空间的构造是相互独立的，但需要引入附加条件来保证电流流过相邻子区域交界线时是连续的。为了后续介绍方便，首先在子区域之间的边界上定义一种跳跃算子（jump operator）

$$[[\boldsymbol{u}]]_{ij} = \hat{\boldsymbol{t}}_{ij} \cdot \boldsymbol{u}_i - \hat{\boldsymbol{t}}_{ij} \cdot \boldsymbol{u}_j \quad 在\ C_{ij}线上 \tag{4.2}$$

此外，将矢量和标量的内积分别定义为 $\langle \boldsymbol{x}, \boldsymbol{y} \rangle_{S_i} = \int_{S_i} \boldsymbol{x} \cdot \boldsymbol{y} \mathrm{d}s$ 和 $\langle x, y \rangle_{S_i} = \int_{S_i} xy \mathrm{d}s$。

4.3 子区间内罚联结条件

针对第 2 章中介绍的 $\boldsymbol{L}$ 算子与 $\boldsymbol{K}$ 算子，定义

$$\Psi_A(\boldsymbol{X};S)(\boldsymbol{r}) := \int_S \boldsymbol{X}(\boldsymbol{r}') g(\boldsymbol{r}, \boldsymbol{r}') \mathrm{d}r' \tag{4.3}$$

$$\Psi_F(\rho;S)(\boldsymbol{r}) := \int_S \rho(\boldsymbol{r}') g(\boldsymbol{r}, \boldsymbol{r}') \mathrm{d}r' \tag{4.4}$$

则两个算子被改写为

$$\boldsymbol{L}(\boldsymbol{X};S)(\boldsymbol{r}) := -\mathrm{j}k_0 \Psi_A(\boldsymbol{X};S)(\boldsymbol{r}) + \frac{1}{\mathrm{j}k_0} \nabla \Psi_F(\nabla_\tau \cdot \boldsymbol{X};S)(\boldsymbol{r}) \tag{4.5}$$

$$\boldsymbol{K}(\boldsymbol{X};S)(\boldsymbol{r}) := p.v.\,[\nabla \times \Psi_A(\boldsymbol{X};S)(\boldsymbol{r})] \tag{4.6}$$

其中，$\boldsymbol{X}$ 为电流 $\boldsymbol{J}$ 或磁流 $\boldsymbol{M}$；$\boldsymbol{r}$ 为观察点的位置矢量；j 为虚数单位；$k_0 = \omega\sqrt{\mu_0 \varepsilon_0}$ 为自由空间波数，$\omega = 2\pi f$；$p.v.$ 代表柯西主值积分。$g(\boldsymbol{r}, \boldsymbol{r}')$ 为自由空间中的标量格林函数，与第 2 章中的定义一致。此时的 EFIE 与 MFIE 方程改写为

$$\boldsymbol{L}(\overline{\boldsymbol{J}};S)(\boldsymbol{r}) + \boldsymbol{E}^i_{\tan}(\boldsymbol{r}) = 0 \quad \boldsymbol{r} \in S \tag{4.7}$$

$$\hat{\boldsymbol{n}} \times \boldsymbol{K}(\overline{\boldsymbol{J}};S)(\boldsymbol{r}) - \frac{1}{2}\overline{\boldsymbol{J}}(\boldsymbol{r}) + \eta_0 \hat{\boldsymbol{n}} \times \overline{\boldsymbol{H}}^i(\boldsymbol{r}) = 0 \quad \boldsymbol{r} \in S \tag{4.8}$$

其中，$\overline{\boldsymbol{J}} = \eta_0 \boldsymbol{J}$ 是等比扩大后（scaled）的电流密度；$\eta_0 = \sqrt{\mu_0 / \varepsilon_0}$ 为自由空间本征阻抗；$\boldsymbol{E}^i$ 与 $\boldsymbol{H}^i$ 分别为入射电场与入射磁场，$\boldsymbol{E}^i_{\tan} = \hat{\boldsymbol{n}} \times \boldsymbol{E}^i \times \hat{\boldsymbol{n}}$ 为入射电场的切向。

针对图 4.2 所示的区域分解目标电磁散射问题，下面介绍基于内

罚法的 DG - DDM - IE 方法的公式系统。该方法的基本原理是通过惩罚项加强区域间电流的连续性。首先，推导出 EFIE 方程的演变形式。对于每个子区域 $S_i \in S$，使用试函数 $\boldsymbol{v}_i \in H^{-1/2}(\mathbf{div}_\tau, S_i)$ 对 EFIE 进行测试，得到

$$\left\langle \boldsymbol{v}_i, \sum_{j=1}^{M} \boldsymbol{L}(\overline{\boldsymbol{J}}_j; S_j) \right\rangle_{S_i} = -\langle \boldsymbol{v}_i, \boldsymbol{E}_{\tan}^i \rangle_{S_i} \tag{4.9}$$

式（4.9）详细的展开形式为

$$\mathrm{j}k_0 \left\langle \boldsymbol{v}_i, \sum_{j=1}^{M} \Psi_A(\overline{\boldsymbol{J}}_j; S_j) \right\rangle_{S_i} - \frac{1}{\mathrm{j}k_0} \left\langle \boldsymbol{v}_i, \sum_{j=1}^{M} \nabla \Psi_F(\nabla_\tau' \cdot \overline{\boldsymbol{J}}_j; S_j) \right\rangle_{S_i} = \langle \boldsymbol{v}_i, \boldsymbol{E}_{\tan}^i \rangle_{S_i} \tag{4.10}$$

然后，应用表面格林公式将式（4.10）第二项的表面梯度算子∇转移到试函数上，这会引入涉及子区域边界 C_i 的边界积分项，表达式为

$$\begin{aligned} &\mathrm{j}k_0 \left\langle \boldsymbol{v}_i, \sum_{j=1}^{M} \Psi_A(\overline{\boldsymbol{J}}_j; S_j) \right\rangle_{S_i} + \frac{1}{\mathrm{j}k_0} \left\langle \nabla \cdot \boldsymbol{v}_i, \sum_{j=1}^{M} \Psi_F(\nabla_\tau' \cdot \overline{\boldsymbol{J}}_j; S_j) \right\rangle_{S_i} - \\ &\frac{1}{\mathrm{j}k_0} \left\langle \boldsymbol{v}_i \cdot \hat{\boldsymbol{t}}_i, \sum_{j=1}^{M} \Psi_F(\nabla_\tau' \cdot \overline{\boldsymbol{J}}_j; S_j) \right\rangle_{C_i} = \langle \boldsymbol{v}_i, \boldsymbol{E}_{\tan}^i \rangle_{S_i} \end{aligned} \tag{4.11}$$

关注式（4.11）中第三项线面积分，利用 $\Psi_F(\nabla_\tau' \cdot \overline{\boldsymbol{J}}_j; S_j)$ 的连续性并借助 $\boldsymbol{v}_i$ 的跳跃算子，将所有子区域对该项的贡献相加，得到

$$-\frac{1}{\mathrm{j}k_0} \sum_{j=1}^{M} \left\langle \boldsymbol{v}_i \cdot \hat{\boldsymbol{t}}_i, \sum_{j=1}^{M} \Psi_F(\nabla_\tau' \cdot \overline{\boldsymbol{J}}_j; S_j) \right\rangle_{C_i} = -\frac{1}{2\mathrm{j}k_0} \sum_{C_{ij} \in C} \left\langle [[\boldsymbol{v}]]_{ij}, \sum_{j=1}^{M} \Psi_F(\nabla_\tau' \cdot \overline{\boldsymbol{J}}_j; S_j) \right\rangle_{C_{ij}} \tag{4.12}$$

基于式（4.12），交换 $\boldsymbol{v}$ 与 $\overline{\boldsymbol{J}}$ 位置可以增加一项包含 $\overline{\boldsymbol{J}}$ 的跳跃算子的反对称边界项

$$\frac{1}{2\mathrm{j}k_0} \sum_{C_{ij} \in C} \left\langle [[\overline{\boldsymbol{J}}]]_{ij}, \sum_{j=1}^{M} \Psi_F(\nabla_\tau' \cdot \boldsymbol{v}_j; S_j) \right\rangle_{C_{ij}} = 0 \tag{4.13}$$

当 $\overline{\boldsymbol{J}}$ 为精确解时，$[[\overline{\boldsymbol{J}}]]_{ij}$ 将为 0，此边界项将会消失，因此不会破坏公式的一致性。然而，它是恢复弱式方程的椭圆性的必要条件[8]。

最后，由于计算的目的是寻找通过子区域边界时法向连续的解，

所以进一步添加一个惩罚项来强化通过子区域边界的连续性，这个惩罚项定义为

$$\langle [[\boldsymbol{v}]]_{ij}, [[\overline{\boldsymbol{J}}]]_{ij} \rangle_{C_{ij}} = 0 \tag{4.14}$$

以上提出了一种关于 EFIE 的变形弱解方程，它可以表述为：寻找 $\boldsymbol{u} = \oplus_{i=1}^{M} \boldsymbol{u}_i, \boldsymbol{u}_i \in H^{-1/2}(\mathbf{div}_\tau, S_i)$，使得

$$a(\boldsymbol{v}, \boldsymbol{u}) = \langle \boldsymbol{v}, \boldsymbol{E}_{\tan}^{i} \rangle_{\oplus_{i=1}^{M} S_i} \tag{4.15}$$

在式（4.15）中，$\forall \boldsymbol{v} = \oplus_{i=1}^{M} \boldsymbol{v}_i$；$\boldsymbol{v}_i \in H^{-1/2}(\mathbf{div}_\tau, S_i)$。此外，该双线性算子 a 定义为 $a(\boldsymbol{v}, \boldsymbol{u}) = a_S(\boldsymbol{v}, \boldsymbol{u}) + a_C(\boldsymbol{v}, \boldsymbol{u}) + a_P(\boldsymbol{v}, \boldsymbol{u})$。第一项 $a_S(\boldsymbol{v}, \boldsymbol{u})$表示标准 EFIE 双线性形式对子区域的贡献

$$a_S(\boldsymbol{v}, \boldsymbol{u}) := \mathrm{j}k_0 \sum_{i=1}^{M} \left\langle \boldsymbol{v}_i, \sum_{j=1}^{M} \Psi_A(\boldsymbol{u}_j; S_j) \right\rangle_{S_i} + \frac{1}{\mathrm{j}k_0} \sum_{i=1}^{M} \left\langle \nabla \cdot \boldsymbol{v}_i, \sum_{j=1}^{M} \Psi_F(\nabla'_\tau \cdot \boldsymbol{u}_j; S_j) \right\rangle_{S_i} \tag{4.16}$$

第二项 $a_C(\boldsymbol{v}, \boldsymbol{u})$包含以下沿边界的线积分

$$\begin{aligned} a_C(\boldsymbol{v}, \boldsymbol{u}) := & -\frac{1}{2\mathrm{j}k_0} \sum_{C_{ij} \in C} \left\langle [[\boldsymbol{v}]]_{ij}, \sum_{j=1}^{M} \Psi_F(\nabla'_\tau \cdot \boldsymbol{u}_j; S_j) \right\rangle_{C_{ij}} + \\ & \frac{1}{2\mathrm{j}k_0} \sum_{C_{ij} \in C} \left\langle [[\boldsymbol{u}]]_{ij}, \sum_{j=1}^{M} \Psi_F(\nabla'_\tau \cdot \boldsymbol{v}_j; S_j) \right\rangle_{C_{ij}} \end{aligned} \tag{4.17}$$

我们指出，$[[\boldsymbol{u}]]_{ij}$可以视为在轮廓边界上积累的一种虚拟电荷（因为电流的法向不连续性）。根据对偶匹配原理，虚拟电荷应该与电位相匹配，以确保在弱解方程中没有可测量的电势能，这与式（4.17）中的第二项是完全一致的。

最后一项 $a_P(\boldsymbol{v}, \boldsymbol{u})$为内罚稳定项，被定义为

$$a_P(\boldsymbol{v}, \boldsymbol{u}) := \frac{\beta}{k_0} \sum_{C_{ij} \in C} \langle [[\boldsymbol{v}]]_{ij}, [[\overline{\boldsymbol{J}}]]_{ij} \rangle_{C_{ij}} \tag{4.18}$$

这一项的引入是为了使弱解方程稳定。在最近的关于 DG－BEM 的工作中，稳定参数β的取值与网格尺寸 h 成反比，具体表达式为 $\beta = \zeta h^{-1}$，其中ζ是一个较小的正数并且与 h 无关。数值实验表明，$\beta = |\log \bar{h}|/10$ 是一个合理的选择，其中 $\bar{h}$ 是离散整个模型所有网格的平均尺寸。

同理，MFIE 的弱解方程可以表示为

$$b(\boldsymbol{v},\boldsymbol{u}) = \langle \boldsymbol{v},\hat{\boldsymbol{n}} \times \boldsymbol{H}^i \rangle_{\oplus_{i=1}^M S_i} \tag{4.19}$$

其双线性算子被定义为

$$b(\boldsymbol{v},\boldsymbol{u}) = \frac{1}{2}\sum_{i=1}^{M} \langle \boldsymbol{v}_i,\boldsymbol{u}_i \rangle_{S_i} - \sum_{i=1}^{M} \left\langle \boldsymbol{v}_i,\hat{\boldsymbol{n}}_i \times \sum_{j=1}^{M} \boldsymbol{K}(\boldsymbol{u}_j;S_j) \right\rangle_{S_i} \tag{4.20}$$

这里强调一点，内罚稳定项在此方程中是不需要的。

最后，为了避免内谐振，将 EFIE 与 MFIE 的弱解方程线性叠加在一起成为 CFIE 的弱解方程。

$$\alpha a(\boldsymbol{v},\boldsymbol{u}) + (1-\alpha) b(\boldsymbol{v},\boldsymbol{u}) = \alpha \langle \boldsymbol{v},\boldsymbol{E}_{\tan}^i \rangle_{\oplus_{i=1}^M S_i} + (1-\alpha) \langle \boldsymbol{v},\hat{\boldsymbol{n}} \times \boldsymbol{H}^i \rangle_{\oplus_{i=1}^M S_i} \tag{4.21}$$

其中，联合参数 α 通常选择为0.5。

4.4　矩阵方程与预处理方法

采用上一节介绍的 RWG 基函数和半 RWG 基函数离散试函数空间 $\boldsymbol{v}$ 和基函数空间 $\boldsymbol{u}$，可将 CFIE 的弱解方程转化为线性矩阵方程，对于 3 个子区域的情况，该矩阵方程可以表示为

$$\begin{bmatrix} \boldsymbol{Z}_{11} & \boldsymbol{Z}_{12} & \boldsymbol{Z}_{13} \\ \boldsymbol{Z}_{21} & \boldsymbol{Z}_{22} & \boldsymbol{Z}_{23} \\ \boldsymbol{Z}_{31} & \boldsymbol{Z}_{32} & \boldsymbol{Z}_{33} \end{bmatrix} \begin{bmatrix} \boldsymbol{x}_1 \\ \boldsymbol{x}_2 \\ \boldsymbol{x}_3 \end{bmatrix} = \begin{bmatrix} \boldsymbol{b}_1 \\ \boldsymbol{b}_2 \\ \boldsymbol{b}_3 \end{bmatrix} \tag{4.22}$$

其中，$\boldsymbol{Z}_{ii}$为子区域 S_i 的 CFIE 阻抗矩阵；$\boldsymbol{Z}_{ij}$为子区域 S_i 和 S_j 之间的耦合矩阵。$\boldsymbol{x}_i$ 为包含展开电流 $\overline{\boldsymbol{J}}_i$ 的基函数的未知系数向量，向量 $\boldsymbol{b}_i$ 为子区域 S_i 的源向量，因入射电场和磁场激励所得。

为了进一步优化矩阵的条件数，可以基于矩阵主对角线上的矩阵块构建一种高效的预条件 $\boldsymbol{P}^{-1}$，具体表示为

$$\boldsymbol{P}^{-1} = \begin{bmatrix} \boldsymbol{Z}_{11}^{-1} & 0 & 0 \\ 0 & \boldsymbol{Z}_{22}^{-1} & 0 \\ 0 & 0 & \boldsymbol{Z}_{33}^{-1} \end{bmatrix} \tag{4.23}$$

这种预处理器被称为加性施瓦兹（additive Schwarz）预条件或主对角线块预条件。将 $\boldsymbol{P}^{-1}$应用于式（4.22）进行左预处理，可以得到一个性态更好的矩阵方程，即

$$\begin{bmatrix} \boldsymbol{I}_1 & \boldsymbol{Z}_{11}^{-1}\boldsymbol{Z}_{12} & \boldsymbol{Z}_{11}^{-1}\boldsymbol{Z}_{13} \\ \boldsymbol{Z}_{22}^{-1}\boldsymbol{Z}_{21} & \boldsymbol{I}_2 & \boldsymbol{Z}_{22}^{-1}\boldsymbol{Z}_{23} \\ \boldsymbol{Z}_{33}^{-1}\boldsymbol{Z}_{31} & \boldsymbol{Z}_{33}^{-1}\boldsymbol{Z}_{32} & \boldsymbol{I}_3 \end{bmatrix} \begin{bmatrix} \boldsymbol{x}_1 \\ \boldsymbol{x}_2 \\ \boldsymbol{x}_3 \end{bmatrix} = \begin{bmatrix} \boldsymbol{Z}_{11}^{-1}\boldsymbol{b}_1 \\ \boldsymbol{Z}_{22}^{-1}\boldsymbol{b}_2 \\ \boldsymbol{Z}_{33}^{-1}\boldsymbol{b}_3 \end{bmatrix} \tag{4.24}$$

4.5 迭代求解的复杂度与并行性

预处理后的矩阵方程（4.24）将使用 Krylov 子空间方法求解，例如 GCR [9]和 GMRES[10]。并且，采用多层快速多极子算法(MLFMA)[11-12]加速稠密矩阵与系数向量的相乘运算。此外，预条件的实现只需要求解主对角线上每个子区域 CFIE 块矩阵的逆。在实际计算中，这些 CFIE 矩阵可以在迭代之前进行直接法分解，也可以在每次迭代中通过另一个预处理 Krylov 迭代方法进行求解（内层循环迭代)。在许多应用中，计算区域内可能存在不同类型的空间重复性和周期性结构，可以精心设计分区来利用局部的重复性减少主对角块矩阵逆的求解数量，从而降低预条件构建的时间和内存消耗。

4.5.1 关于计算复杂度的讨论

当使用 Krylov 子空间迭代方法来求解方程（4.24）时，预处理系统所需迭代次数会随着子区域的数量和物体的电尺寸呈对数增长，即 $K \propto O(\log M)$。此外，预条件的运用需要求解对角线上每个子区域阻抗矩阵的逆。如果保持子区域的大小恒定，那么子区域的数量会随着自由度（DOF）的数量线性增加，即 $M \propto O(N)$。应用这种预条件的计算复杂度呈线性增长。因此，这种方法针对大尺度电磁散射问题提供了一种高效预处理方案。

假设采用快速直接求解器对子区域块矩阵进行分解，并且采用了多层快速多极子算法（MLFMA）实现矩阵—向量相乘，则式（4.24）迭代求解的整体计算复杂度可以表示为

$$\underbrace{O(\log M)}_{\text{迭代部分}}\cdot\left[\underbrace{O\left(M\left(\frac{N}{M}\right)^{1.5}\right)}_{\text{预处理部分}}+\underbrace{O(N\log N)}_{\text{耦合部分}}\xrightarrow{M\propto O(N)}O(N(\log N)^{2})\right]\tag{4.25}$$

根据式（4.25）可以得出结论，该方法对于高频电磁波问题呈现出准线性的计算复杂度。

4.5.2　关于并行可行性的讨论

为了充分利用多核处理器和大规模分布式并行超级计算机的最新成果，可以为该方法开发一种混合 MPI/OpenMP 并行算法。预处理矩阵方程的求解可以分为两部分：①涉及局部子区域解算的加性施瓦兹预条件的应用；②涉及非对角矩阵的子区域之间的耦合计算。

应用加性施瓦兹预条件需要各个子区域问题的独立求解。本章所介绍的预条件的一大优点在于，在每一个 Krylov 迭代步中能够同时求解所有子区域问题。在并行实现过程中，可以采用任务导向的并行方式来处理子区域求解问题。具体来说，在 MPI 编程模型中，每个子区域求解被视为独立的任务，不同的 MPI 进程将同时执行不同的任务。而在每个任务内部，进一步使用 OpenMP 实现并行加速，以便利用共享内存多核处理器的快速内存访问特性。因此，每个子区域可根据其局部电磁波特性及几何特征选择适宜的子区域求解器。

并行计算的第二部分涉及多个子区域之间的耦合处理。为了实现较低的计算成本，可以根据两个子区域之间的相对空间位置采取独立的处理方法，具体讨论内容详见参考文献[13－14]。

4.6 数值算例

本节将通过数值实验评估该 DG – DDM – IE 方法的性能。首先，将验证所提方法的解算精度；接着进行收敛性分析；最后展示并行强扩展性和弱扩展性的实验结果。

4.6.1 算法求解精度分析

首先应用 DG – DDM – IE 方法分析 NASA 金属杏仁的单站电磁散射问题[15]。图 4.3 为长度为 252.37 mm 的杏仁体几何结构。该目标被频率为 7 GHz 的平面波从 $\theta = 90°$，$\varphi = 0°$ 至 180°以 1°的间隔多角度照射。本研究中考虑了 3 种数值方法：基于边界元离散的标准 CFIE 方法、采用规则子区域划分的 DG – DDM – IE 方法及利用图分割算法 METIS[16]进行不规则子区域划分的 DG – DDM – IE 方法。离散网格和域分区如图 4.4 所示。

图 4.5 为基于上述 3 种方法计算出的单站 RCS。作为参照，还包含了文献[15]中的测量数据。可以看出，CFIE 方法和 DG – DDM – IE 方法得到的仿真结果均与测量数据吻合得非常好，这证实了仿真的准确性。此外，图 4.6 展示了 3 种方法针对入射方向为 $\theta = 90°$，$\varphi = 30°$ 时获得的感应电流。观察发现，MOM 方法与 DG – DDM – IE 方法得到的电流结果非常一致，并且无论采用规则还是不规则的分区，DG – DDM – IE 方法得到的电流分布都是连续且平滑的。基于以上结果，可以得出结论：DG – DDM – IE 方法显示出与供给单区域 CFIE 方法相同的精度水平。

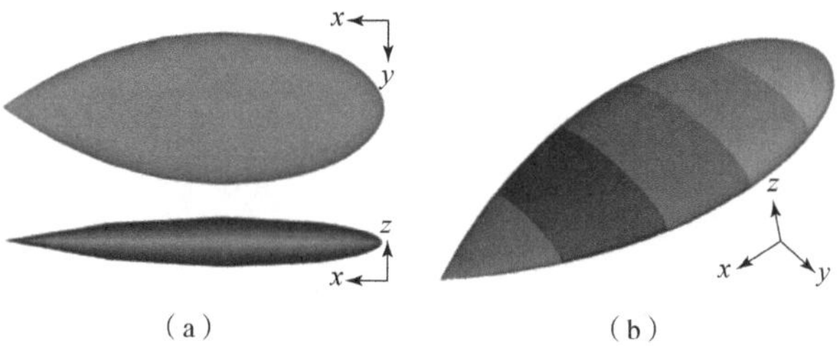

图 4.3　NASA 杏仁体几何外形与区域划分

(a) 几何外形；(b) 区域划分

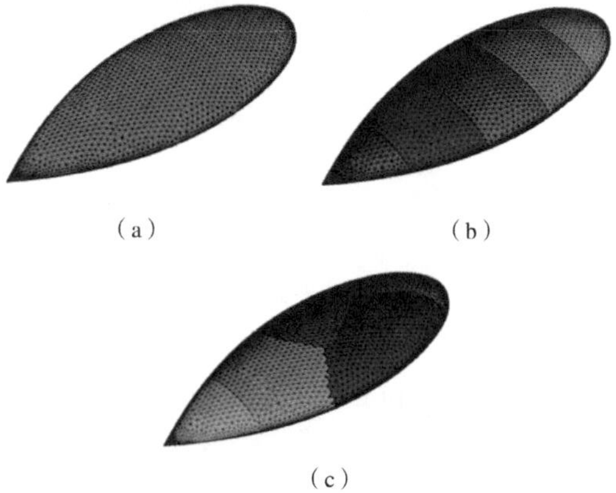

图 4.4　不同计算方法使用的网格及对应的区域划分方式

(a) 基于边界元离散的标准 CFIE；(b) DG - DDM - IE 规则子区域划分；

(c) DG - DDM - IE 不规则子区域划分

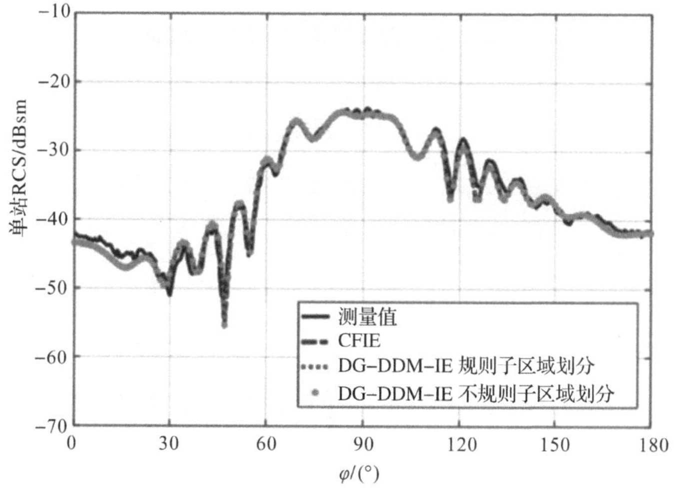

图 4.5　在 7 GHz 平面波照射下，不同方法计算得到的单站 RCS（附彩插）

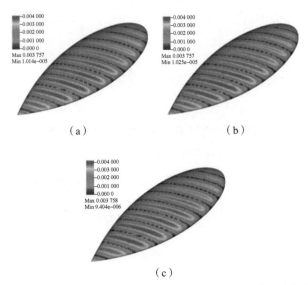

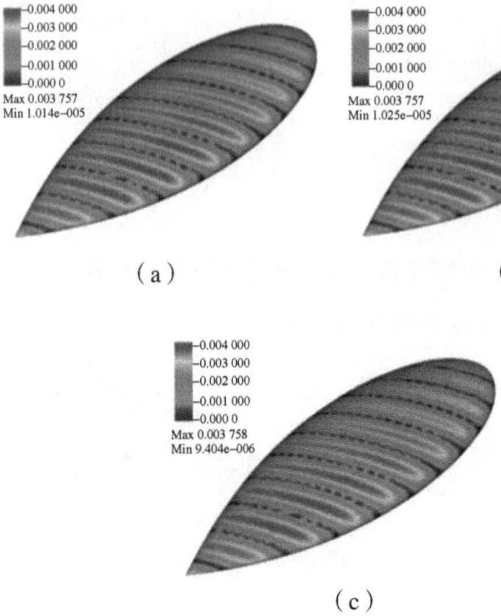

图 4.6　$\boldsymbol{\theta}=90°$，$\varphi=30°$入射，7 GHz 的平面波照射下，不同方法计算出的电流分布

(a) 基于边界元离散的标准 CFIE；(b) DG – DDM – IE 规则子区域划分；

(c) DG – DDM – IE 不规则子区域划分

4.6.2　算法收敛性分析

接下来，就问题规模的变化对 DG – DDM – IE 迭代求解式（4.24）的收敛性进行研究。具体而言是保持每个子区域的尺寸不变，随着工作频率的增加而增加子区域的数量，从而研究各方法解决大规模问题的潜力。实验采用一个边长为 1 m 的 PEC 立方体，在 5 个不同的频率点评估该方法的性能，分别是 0.6 GHz、1.2 GHz、2.4 GHz、4.8 GHz 以及 9.6 GHz。立方体的电尺寸范围从 2 λ 到 32 λ 不等，相应地，子区域的数量从 2 个递增到 512 个。在图 4.7 中绘制了不同频率下迭代求解器的收敛情况。可以看到，随着子区域数量的增加，收敛性变化相对不明显。对于具有 2 个和 512 个子区域的情况，达到相对残差 10^{-2}，所需迭代步数从 4 增加到 7；而要达到相对残差 10^{-6}，所需迭代步数则从 24 增加至 35。图 4.8 展示了采用 DG – DDM – IE 方法进行仿真，划分为 512 个子区域的立方体在 9.6 GHz 平面波照射下的表面电流分布情况。可以看到，该方法可以准确地保证表面电流的法向连续性。

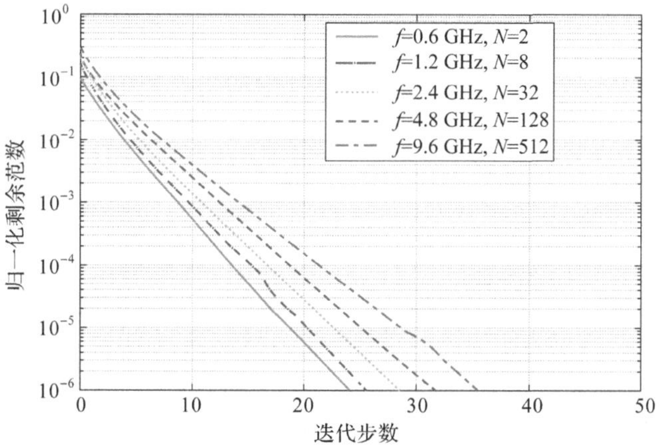

图 4.7　随着频率增加迭代求解收敛性的变化（附彩插）

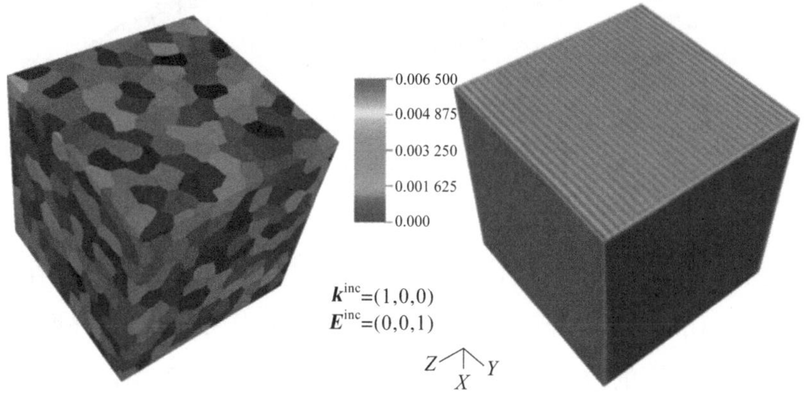

图 4.8　在 7 GHz 平面波照射下划分为 512 个区域的金属立方体的电流分布（附彩插）

4.6.3　算法并行效率分析

本节内容围绕一个 PEC 无人机（UAV）的散射问题展开。该无人机的几何尺寸为宽 14.4 m、长 8.2 m、高 2.5 m。平面波从无人机的鼻锥（雷达罩）方向入射，且电场垂直于翼展方向。在弱可扩展性实验中，使用 4 个不同的频率点评估该方法的性能，分别是 7 GHz、10 GHz、14 GHz 和 20 GHz。无人机的电尺寸的范围是 336 λ~960 λ。在各个工作频率下，平均网格剖分尺寸固定为 $h=\lambda/12$。然后，将离散网格按每个子区域约为 200 万的标准进行子区域划分。子区域的数量随着频率的增大而增加，从 7 GHz 时的 5 个子区域增长到 20 GHz 时的 40 个子区域。由此产生的分区情况如图 4.9 所示。

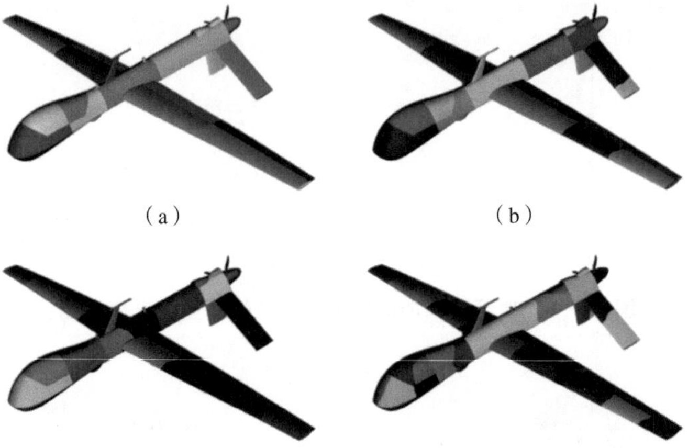

（a）（b）（c）（d）

图 4.9 无人机仿真实验中的区域划分

（a）7 GHz，5 个子区域；（b）10 GHz，10 个子区域；（c）14 GHz，20 个子区域；（d）20 GHz，40 个子区域

在并行计算过程中，给每个子区域分配一个 MPI 进程，并在其中使用 32 个 OpenMP 线程。图 4.10 展示了相比于 32 核心的并行效率。显然，所有计算的效率均接近 90%。此外，当比较 7 GHz，875 万自由度（DOF）的情况与 20 GHz，8 430 万自由度（DOF）的情况时，达到相对残差 10^{-2} 所需的迭代次数仅从 5 增加到 10。由此可见本章介绍的迭代求解器具有良好收敛性，这是实现大规模电磁模拟可扩展性的重要因素之一。

接下来，在强扩展性实验中，固定问题规模后，通过增加处理器核心的数量来考察所需求解时间的变化。为此，这一实验围绕 10 GHz 平面波照射下的无人机电磁散射问题展开，并将子区域的数量从 4 个逐步增加至 28 个。在并行计算过程中，为每个子区域分配了一个 MPI 进程，并在进程中使用了 32 个 OpenMP 线程。总计算核心数从最初的 128 个增长到 896 个。各项仿真的耗时数据如图 4.11 所示。可以观察到，随着子区域数量的增加，迭代次数的增长相当小，运行时间的加速近乎呈线性。在利用 896 个核心计算，达到峰值性能时，相比于使用 128 个核心，其仿真时间大约减少了 85%。

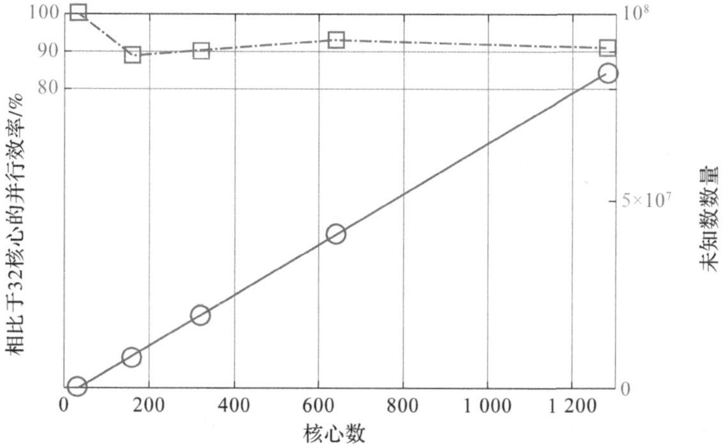

图 4.10　与强扩展性相关的不同仿真实验中的并行效率

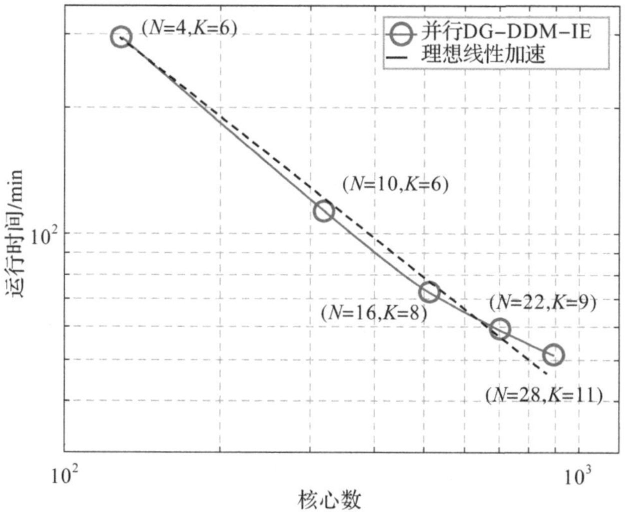

图 4.11　与强扩展性相关的并行效果测试

N—MPI 进程数（子区域数量），*K*—迭代次数

4.7 小 结

本章介绍了一种不连续伽略金区域分解方法，通过 PEC 目标的电磁散射问题，详细推导了 MFIE 和 EFIE，并将内罚项加入 EFIE 中，最后，基于方程等式推导出施瓦兹型预处理算法。通过数值算例可以得出结论：DG－DDM－IE 方法与 CFIE 方法所得出的解精度一致；DG－DDM－IE 的收敛步数随区域数量增加增长缓慢；DG－DDM－IE 的并行加速时间近似随 CPU 核心数量线性增加。

参考文献

[1] Peng Z, Lim K H, Lee J F. A Discontinuous Galerkin Surface Integral Equation Method for Electromagnetic Wave Scattering from Nonpenetrable Targets [J]. IEEE Trans. Antennas Propagat., 2013, 61 (7): 3617－3628.

[2] Gao H W, Yang M L, Sheng X Q. A New SDIE Based on CFIE for Electromagnetic Scattering From IBC Objects [J]. IEEE Trans. Antennas Propagat., 2020, 68 (1): 388－399.

[3] Kong B B, Sheng X Q. A Discontinuous Galerkin Surface Integral Equation Method for Scattering from Multiscale Homogeneous Objects [J]. IEEE Trans. Antennas Propagat., 2018, 66 (4): 1937－1946.

[4] Martín V F, Larios D, Taboada J M, et al. DG-JMCFIE Formulation for the Simulation of Composite Objects [C]. 2021 International Applied Computational Electromagnetics Society Symposium (ACES),

Hamilton, Canada, 2021: 1 -4.

[5] Martín V F, Landesa L, Obelleiro F, et al. A Discontinuous Galerkin Combined Field Integral Equation Formulation for Electromagnetic Modeling of Piecewise Homogeneous Objects of Arbitrary Shape [J]. IEEE Trans. Antennas Propagat., 2022, 70 (1): 487 -498.

[6] Rao S M, Wilton D R, Glisson A W. Electromagnetic Scattering by Surfaces of Arbitrary Shape [J]. IEEE Trans. Antennas Propagat., 1982, 30 (3): 409 -418.

[7] Ubeda E, Rius J M. Novel Monopolar MFIE MoM-Discretization for the Scattering Analysis of Small Objects [J]. IEEE Trans. Antennas Propagat., 2006, 54 (1): 50 -57.

[8] Peng Z, Hiptmair R, Shao Y, et al. Domain Decomposition Preconditioning for Surface Integral Equations in Solving Challenging Electromagnetic Scattering Problems [J]. IEEE Trans. Antennas Propagat., 2016, 64 (1): 210 -223.

[9] Jackson C P, Robinson P C. A Numerical Study of Various Algorithms Related to the Preconditioned Conjugate Gradient Method [J]. International Journal for Numerical Methods in Engineering, 1985, 21 (7): 1315 -1338.

[10] Saad Y, Schultz M H. GMRES: A Generalized Minimal Residual Algorithm for Solving Nonsymmetric Linear Systems [J]. SIAM Journal on Scientific and Statistical Computing, 1986, 7 (3): 856 - 869.

[11] Song J M, Chew W C. Multilevel Fast-Multipole Algorithm for Solving Combined Field Integral Equations of Electromagnetic Scattering [J]. Microwave Opt. Technol. Lett., 1995, 10 (1): 14 -19.

[12] Chew W C, Jin J M, Michielssen E, et al. Fast and Efficient Algorithms in Computational Electromagnetics [M]. Boston: Artech House, 2001.

[13] MacKie-Mason B, Greenwood A, Peng Z. Adaptive and Parallel Surface Integral Equation Solvers for very Large-Scale Electromagnetic Modeling And Simulation [J]. Progress in Electromagnetics Research, 2015, 154: 143 - 162.

[14] MacKie-Mason B, Shao Y, Greenwood A, et al. Supercomputing-Enabled First-Principles Analysis of Radio Wave Propagation In Urban Environments [J]. IEEE Trans. Antennas Propagat., 2018, 66 (12): 6606 - 6617.

[15] Kelley J T, Chamulak D A, Courtney C C, et al. Rye Canyon Radar Cross-Section Measurements of Benchmark Almond Targets [EM Programmer's Notebook] [J]. IEEE Antennas and Propagat. Mag., 2020, 62 (1): 96 - 106.

[16] Karypis G, Kumar V. A Fast and High Quality Multilevel Scheme for Partitioning Irregular Graphs [J]. SIAM J. Sci. Comput., 1998, 20(1): 359 - 392.

第 5 章 非共形 Schwarz 型区域分解合元极方法

5.1 引　　言

对于电磁场中的散射、辐射等开域问题,合元极方法已经被证明是一种通用、精确和高效的方法。然而,该方法所离散的方程矩阵是部分稀疏部分稠密的,该类型矩阵的条件数往往很大,如果使用迭代方法求解该方程,会导致迭代收敛性很差甚至无法收敛。为了加速该方法的收敛速度,提高其计算能力,电磁学者相继提出了两种优化算法,一种为分解算法,另一种为预条件算法,这两种算法已在第 2 章进行了简要的介绍。尽管上述两种方法都能有效改善合元极方法的迭代收敛性,但是在实施过程中都涉及一个稀疏矩阵逆的直接求解。众所周知,实际的电磁问题未知数 N 往往很大,而使用直接方法求解稀疏矩阵需要的内存为 $O(N^2)$ 量级,显然,直接求解稀疏矩阵将消耗很大的内存,这已成为上述两种优化算法的瓶颈,限制了合元极方法在求解电大尺寸的电磁问题中的应用。

幸运的是,研究者们已经提出了一种有效解决大规模计算问题的思路——区域分解方法(DDM)。区域分解方法的总体思想是将大问题分解为若干小问题进行各自求解,然后通过某种有效的方式将小问题联系起来,以保证获得与原问题相同的解。在计算电磁学领域,区域分解算法首先应用于求解偏微分方程的有限元方法,后经电磁学者的不懈努力开发出了多种区域分解有限元方法。其中，非重叠型区域分解方法因其具备实现简单、节省计算资源的特点脱颖而出，目前该方法主要可分为两大类：Schwarz 型区域分解有限元方法和 FETI－DP 型区域分解有限元方法。区域分解方法之所以在有限元方法中首先得到快速发展，主要是因为有限元方法所产生的稀疏矩阵的性态很差，只能采用直接方法求解，这样就面临内存消耗巨大的难题，成为有限元方法求解电大尺度问题的瓶颈。显然，有限元方法的瓶颈与合元极优化算法的瓶颈相同。基于此，本章尝试将区域分解方法引入合元极方法中，以期解决合元极方法求解电大尺寸电磁问题所遇到的难题。

经过仔细分析发现，Schwarz 型区域分解有限元方法较 FETI－DP 型区域分解有限元方法，其理论及实现都更容易，而且较适用于子区域非匹配网格。因此，本章首先考虑如何基于 Schwarz 型区域分解有限元方法提出非共形 Schwarz 型区域分解合元极方法。

5.2 区域分解策略与公式系统

5.2.1 区域分解策略

考虑一个非均匀介质目标在入射电磁场($\boldsymbol{E}^{\mathrm{inc}}$,$\boldsymbol{H}^{\mathrm{inc}}$)激励下的散射问题，该目标的外表面用 S 表示，其外单位法向量为 $\hat{\boldsymbol{n}}$，内部非均匀介质区域用 V 表示，如图 5.1 所示。

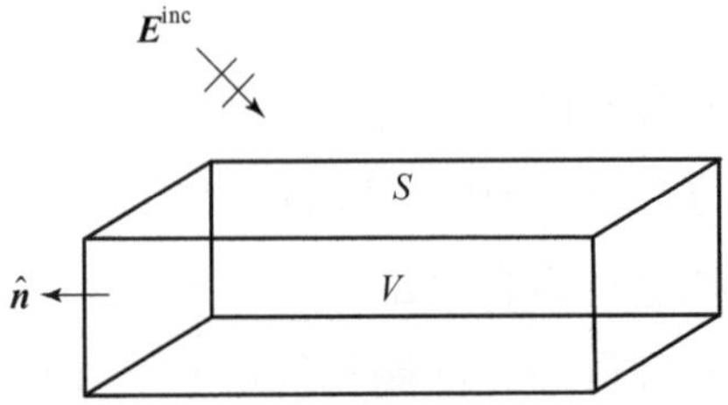

图 5.1　合元极方法中散射问题示意图

将计算区域进行分解是实现区域分解方法的第一步。在三维区域分解有限元方法中，计算区域只涉及体部分，因此分解策略只是简单地将整个体区域分解为若干小的子体区域。然而，三维合元极方法情况相对复杂，计算区域既包括体区域还包括面区域，如何进行区域分解应加以认真思考，这将直接影响区域分解合元极方法的实现形式。

对于本章提出的非共形 Shwarz 型区域分解合元极方法，首先将内部区域 V 和外表面 S 分离为两部分：内部有限元区域和外部边界积分区域，随后将内部区域 V 继续分解为若干小的非重叠有限元子区域，可表示为 $V = \sum_{m=1}^{N} V_m$，其中 N 为有限元子区域的数量，图 5.2 所示为 $N=2$ 的情况。另外，子区域之间的交界面用 Γ 表示，Γ_m 表示子区域 V_m 中所有与其他子区域交界的外表面，$\hat{\boldsymbol{n}}_m$ 为向外的单位法向量，需要特别注意，面法向量的方向会影响所有与面相关方程的表达方式。而 $\Gamma_{m,n}$ 表示与子区域 V_n 相接触的部分，$\Gamma_{m,S}$ 表示与边界积分区域 S 相接触的部分。通过上述方法进行区域分解后，外部边界积分区域可使用三角形网格单独离散，各内部有限元子区域可单独采用四面体网格离散，这样可大幅降低模型网格剖分的难度，而且更加灵活。在这种独立剖分的情况下，子区域交界面处的网格通常为非共形的，如图 5.3 所示。

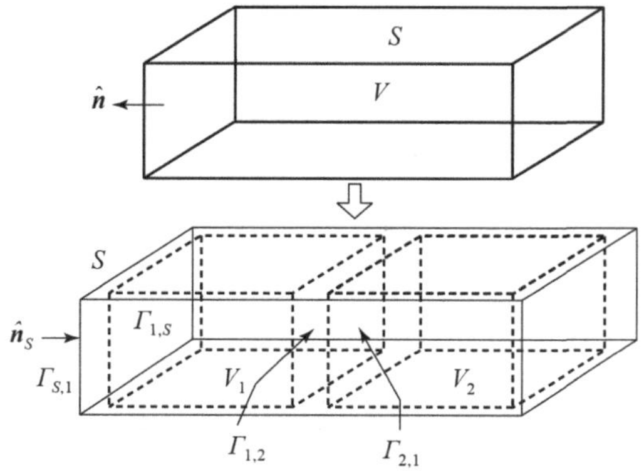

图 5.2　Schwarz 型区域分解合元极方法区域分解策略

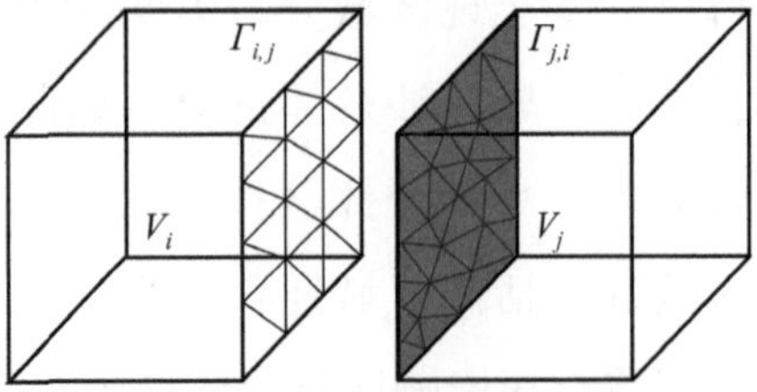

图 5.3　子区域交界面非共形网格

5.2.2　系统方程推导

在任意内部子区域内，电磁场仍然满足矢量波动方程（2.4），通过变分原理可将其转化为下面泛函的变分

$$F(\boldsymbol{E}_m) = \frac{1}{2}\iiint_{V_m}\left[(\nabla\times\boldsymbol{E}_m)\cdot\left(\frac{1}{\mu_{\mathrm{r},m}}\nabla\times\boldsymbol{E}_m\right) - k_0^2\varepsilon_{\mathrm{r},m}\boldsymbol{E}_m\cdot\boldsymbol{E}_m\right]\mathrm{d}V - \mathrm{j}k_0\iint_{\Gamma_m}\boldsymbol{E}_m\cdot(\hat{\boldsymbol{n}}_m\times\overline{\boldsymbol{H}}_m)\,\mathrm{d}S \tag{5.1}$$

在式（5.1）中，$\overline{\boldsymbol{H}}_m = Z_0\boldsymbol{H}_m$，$\boldsymbol{H}_m$ 和 $\boldsymbol{E}_m$ 分别为内部子区域 V_m 中的磁场和电场。另外，$\varepsilon_{\mathrm{r},m}$和$\mu_{\mathrm{r},m}$分别为子区域 V_m 中的相对介电常数和相对磁导率。其他符号与第 2 章中表达意义相同，这里不再赘述。对于外表面 S，与传统合元极方法相同，电磁场满足下面的混合场积分方程

$$\begin{aligned}&\boldsymbol{\pi}_{\mathrm{t}}\left(-\frac{1}{2}\boldsymbol{E}_S + \tilde{\boldsymbol{L}}(\hat{\boldsymbol{n}}\times\overline{\boldsymbol{H}}_S) - \tilde{\boldsymbol{K}}(\boldsymbol{E}_S\times\hat{\boldsymbol{n}})\right) + \\ &\boldsymbol{\pi}_{\times}\left(\left[-\frac{1}{2}\overline{\boldsymbol{H}}_S + \tilde{\boldsymbol{L}}(\boldsymbol{E}_S\times\hat{\boldsymbol{n}}) + \tilde{\boldsymbol{K}}(\hat{\boldsymbol{n}}\times\overline{\boldsymbol{H}}_S)\right]\right) \\ &= -\boldsymbol{\pi}_{\mathrm{t}}(\boldsymbol{E}^{\mathrm{inc}}) - \boldsymbol{\pi}_{\times}(\overline{\boldsymbol{H}}^{\mathrm{inc}})\end{aligned} \tag{5.2}$$

式（5.2）中，混合场系数取值为 0.5；$\boldsymbol{\pi}_{\mathrm{t}}(\cdot) := \hat{\boldsymbol{n}}\times(\cdot)\times\hat{\boldsymbol{n}}$ 和 $\boldsymbol{\pi}_{\times}(\cdot) := \hat{\boldsymbol{n}}\times(\cdot)$都是取被作用量表面切向分量的算子，但它们的方向不同，前者与被作用量一致，后者与被作用量垂直；$\tilde{\boldsymbol{L}}$ 和 $\tilde{\boldsymbol{K}}$ 为积分微分算子，具体表达式如式（2.31）和式（2.32）所示。注意，式（5.2）中 $\tilde{\boldsymbol{K}}$ 的奇异点已被移除。

显然，式（5.1）和式（5.2）还是相对孤立的方程，无法描述与传统合元极方法相同的电磁问题。为了将各个子区域联系起来，参考 Schwarz 型区域分解有限元方法，在内部子区域交界面和内部子区域与外部边界交界面上引入一阶 Robin 型传输条件，即

$$\begin{cases} -\mathrm{j}k_0\hat{\boldsymbol{n}}_m\times\overline{\boldsymbol{H}}_m-\mathrm{j}k_0\hat{\boldsymbol{n}}_m\times\boldsymbol{E}_m\times\hat{\boldsymbol{n}}_m=\mathrm{j}k_0\hat{\boldsymbol{n}}_n\times\overline{\boldsymbol{H}}_n-\mathrm{j}k_0\hat{\boldsymbol{n}}_n\times\boldsymbol{E}_n\times\hat{\boldsymbol{n}}_n & \text{在}\,\Gamma_{m,n}\text{面上} \\ -\mathrm{j}k_0\hat{\boldsymbol{n}}_n\times\overline{\boldsymbol{H}}_n-\mathrm{j}k_0\hat{\boldsymbol{n}}_n\times\boldsymbol{E}_n\times\hat{\boldsymbol{n}}_n=\mathrm{j}k_0\hat{\boldsymbol{n}}_m\times\overline{\boldsymbol{H}}_m-\mathrm{j}k_0\hat{\boldsymbol{n}}_m\times\boldsymbol{E}_m\times\hat{\boldsymbol{n}}_m & \text{在}\,\Gamma_{n,m}\text{面上} \end{cases} \tag{5.3}$$

上述 Robin 传输条件是 Dirichlet 型传输条件和 Neumann 型传输条件的混合，既能保证子区域交界面上电场的连续性，又能保证交界面上磁场的连续性。更重要的是，Robin 型传输条件相较于单独使用 Dirichlet 型传输条件可消除谐振，加速算法的迭代收敛[1]。

为将式（5.1）、式（5.2）和式（5.3）离散求解，将所有子区域的电磁场基于网格剖分使用基函数展开。对于内部子区域 V_m，使用基于四面体网格的旋度共形边缘元矢量基函数 $\boldsymbol{N}_m$ 进行展开，所有电场基函数的未知系数表示为 $\{E_m\}$，所有交界面磁场基函数的未知系数表示为 $\{\overline{H}_{m,\Gamma}\}$。将 $\{E_m\}$ 进一步分类为 $\{E_{m,\mathrm{I}}\}$ 和 $\{E_{m,\Gamma}\}$，其中 $\{E_{m,\mathrm{I}}\}$ 表示子区域 V_m 内部的基函数未知系数，$\{E_{m,\Gamma}\}$ 表示子区域 V_m 在交界面 Γ_i 上的基函数未知系数。对于外边界区域，使用基于三角形网格的旋度共形边缘元矢量基函数 $\boldsymbol{N}_S$ 进行展开，外边界 S 上的电场和磁场基函数未知系数分别表示为 $\{E_S\}$ 和 $\{\overline{H}_S\}$。

随后将离散的电磁场代入任意内部子区域的式（5.1）和式（5.3）进行数值离散，可得到下面的数值矩阵

$$\begin{bmatrix} \boldsymbol{A}_{m,\mathrm{II}} & \boldsymbol{A}_{m,\mathrm{I}\Gamma} & 0 \\ \boldsymbol{A}_{m,\Gamma\mathrm{I}} & \boldsymbol{A}_{m,\Gamma\Gamma} & \boldsymbol{C}_m \\ 0 & \boldsymbol{C}_m^{\mathrm{T}} & \boldsymbol{D}_m \end{bmatrix} \begin{Bmatrix} E_{m,\mathrm{I}} \\ E_{m,\Gamma} \\ \overline{H}_{m,\Gamma} \end{Bmatrix} = \sum_{n\in\{m\text{的相邻子区域}\}} \begin{bmatrix} 0 & 0 & 0 \\ 0 & 0 & 0 \\ 0 & \boldsymbol{F}_{m,n} & \boldsymbol{G}_{m,n} \end{bmatrix} \begin{Bmatrix} E_{n,\mathrm{I}} \\ E_{n,\Gamma} \\ \overline{H}_{n,\Gamma} \end{Bmatrix} \tag{5.4}$$

式（5.4）中的各子矩阵的具体计算式如下

$$\boldsymbol{A}_m = \begin{bmatrix} \boldsymbol{A}_{m,\mathrm{II}} & \boldsymbol{A}_{m,\mathrm{I}\Gamma} \\ \boldsymbol{A}_{m,\Gamma\mathrm{I}} & \boldsymbol{A}_{m,\Gamma\Gamma} \end{bmatrix} = \iiint_{V_m} (\nabla \times \boldsymbol{N}_m) \cdot \frac{1}{\mu_{\mathrm{r},m}} (\nabla \times \boldsymbol{N}_m)^{\mathrm{T}} - k_0^2 \boldsymbol{N}_m \cdot \varepsilon_{\mathrm{r},m} (\boldsymbol{N}_m)^{\mathrm{T}} \mathrm{d}V \tag{5.5}$$

$$\boldsymbol{C}_m = -\mathrm{j}k_0 \iint_{\Gamma_m} \boldsymbol{N}_{m,\Gamma} \cdot (\hat{\boldsymbol{n}}_m \times \boldsymbol{N}_{m,\Gamma})^{\mathrm{T}} \mathrm{d}S \tag{5.6}$$

$$\boldsymbol{D}_m = -\mathrm{j}k_0 \iint_{\Gamma_m} (\hat{\boldsymbol{n}}_m \times \boldsymbol{N}_{m,\Gamma}) \cdot (\hat{\boldsymbol{n}}_m \times \boldsymbol{N}_{m,\Gamma})^{\mathrm{T}} \mathrm{d}S \tag{5.7}$$

$$\boldsymbol{F}_{m,n} = -\mathrm{j}k_0 \iint_{\Gamma_{m,n}} (\hat{\boldsymbol{n}}_m \times \boldsymbol{N}_{m,\Gamma}) \cdot (\boldsymbol{N}_{m,\Gamma})^{\mathrm{T}} \mathrm{d}S \tag{5.8}$$

$$\boldsymbol{G}_{m,n} = \mathrm{j}k_0 \iint_{\Gamma_{m,n}} (\hat{\boldsymbol{n}}_m \times \boldsymbol{N}_{m,\Gamma}) \cdot (\hat{\boldsymbol{n}}_n \times \boldsymbol{N}_{n,\Gamma})^{\mathrm{T}} \mathrm{d}S \tag{5.9}$$

接着，将离散的电磁场代入外边界面上的式（5.2）和式（5.3），并通过伽略金匹配方法进行数值离散，得到

$$\begin{bmatrix} \boldsymbol{K}_S & \boldsymbol{M}_S \\ \boldsymbol{P}_S & \boldsymbol{Q}_S \end{bmatrix} \begin{Bmatrix} E_S \\ \overline{H}_S \end{Bmatrix} = \begin{Bmatrix} 0 \\ b_S \end{Bmatrix} + \sum_{n \in \{m\text{的相邻子区域}\}} \begin{bmatrix} \boldsymbol{R}_{S,n} & \boldsymbol{O}_{S,n} \\ 0 & 0 \end{bmatrix} \begin{Bmatrix} E_{n,\Gamma} \\ \overline{H}_{n,\Gamma} \end{Bmatrix} \tag{5.10}$$

其中，矩阵 $\boldsymbol{K}_S$、$\boldsymbol{M}_S$、$\boldsymbol{R}_{S,n}$ 和 $\boldsymbol{O}_{S,n}$ 来自一阶 Robin 型传输条件，它们是稀疏矩阵，计算方法如下

$$\boldsymbol{K}_S = -\mathrm{j}k_0 \iint_S \boldsymbol{N}_S \cdot (\boldsymbol{N}_S)^{\mathrm{T}} \mathrm{d}S \tag{5.11}$$

$$\boldsymbol{M}_S = -\mathrm{j}k_0 \iint_S \boldsymbol{N}_S \cdot (\hat{\boldsymbol{n}}_S \times \boldsymbol{N}_S)^{\mathrm{T}} \mathrm{d}S \tag{5.12}$$

$$\boldsymbol{R}_{S,n} = -\mathrm{j}k_0 \iint_{\Gamma_{S,n}} \boldsymbol{N}_S \cdot (\boldsymbol{N}_{n,\Gamma})^{\mathrm{T}} \mathrm{d}S \tag{5.13}$$

$$\boldsymbol{O}_{S,n} = \mathrm{j}k_0 \iint_{\Gamma,n} \boldsymbol{N}_S \cdot (\hat{\boldsymbol{n}}_n \times \boldsymbol{N}_{n,\Gamma})^{\mathrm{T}} \mathrm{d}S \tag{5.14}$$

矩阵 $\boldsymbol{P}_S$、$\boldsymbol{Q}_S$ 和向量 $\boldsymbol{b}_S$ 来自混合场积分方程，它们是稠密的，它们的计算方法如下

$$\boldsymbol{P}_S = \iint_S \boldsymbol{g}_S \cdot \left[-\frac{1}{2} (\boldsymbol{g}_S \times \hat{\boldsymbol{n}})^{\mathrm{T}} - \hat{\boldsymbol{n}} \times \tilde{\boldsymbol{L}} (\boldsymbol{g}_S)^{\mathrm{T}} + \tilde{\boldsymbol{K}} (\boldsymbol{g}_S)^{\mathrm{T}} \right] \mathrm{d}S \tag{5.15}$$

$$\boldsymbol{Q}_S = \iint_S \boldsymbol{g}_S \cdot \left[-\frac{1}{2}(\boldsymbol{g}_S)^{\mathrm{T}} + \tilde{\boldsymbol{L}}(\boldsymbol{g}_S)^{\mathrm{T}} - \hat{\boldsymbol{n}} \times \tilde{\boldsymbol{K}}(\boldsymbol{g}_S)^{\mathrm{T}} \right] \mathrm{d}S \quad (5.16)$$

$$\boldsymbol{b}_S = \iint_S \boldsymbol{g}_S \cdot [-\boldsymbol{E}^{\mathrm{inc}} - \hat{\boldsymbol{n}} \times \overline{\boldsymbol{H}}^{\mathrm{inc}}] \,\mathrm{d}S \quad (5.17)$$

在式（5.15）和式（5.16）中，$\boldsymbol{g}_S$ 为散度共形的 RWG 基函数，在推导过程中利用了 $\boldsymbol{g}_S = \hat{\boldsymbol{n}} \times \boldsymbol{N}_S$ 的关系。

为了下面进行清晰的描述，首先引入

$$X_m = [E_{m,\mathrm{I}}^{\mathrm{T}}, E_{m,\Gamma}^{\mathrm{T}}, \overline{H}_{m,\Gamma}^{\mathrm{T}}]^{\mathrm{T}} \quad (5.18)$$

$$\tilde{\boldsymbol{A}}_m = \begin{bmatrix} \boldsymbol{A}_{m,\mathrm{II}} & \boldsymbol{A}_{m,\mathrm{I}\Gamma} & 0 \\ \boldsymbol{A}_{m,\Gamma\mathrm{I}} & \boldsymbol{A}_{m,\Gamma\Gamma} & \boldsymbol{C}_m \\ 0 & \boldsymbol{C}_m^{\mathrm{T}} & \boldsymbol{D}_m \end{bmatrix} \quad (5.19)$$

$$\boldsymbol{S}_{m,n} = \begin{bmatrix} 0 & 0 & 0 \\ 0 & 0 & 0 \\ 0 & \boldsymbol{F}_{m,n} & \boldsymbol{G}_{m,n} \end{bmatrix} \quad (5.20)$$

这样，式（5.4）可改写成如下式

$$\tilde{\boldsymbol{A}}_m \boldsymbol{X}_m = \boldsymbol{b}_m + \sum_{n \in \{m\text{的相邻子区域}\}} \boldsymbol{S}_{m,n} \boldsymbol{X}_n \quad (5.21)$$

引入布尔矩阵 $\boldsymbol{B}_{m,f}$ 和 $\boldsymbol{B}_{m,h}$ 提取子区域交界面上的电磁场未知系数，即 $\boldsymbol{X}_{m,\Gamma} = [\boldsymbol{E}_{m,\Gamma}^{\mathrm{T}}, \overline{\boldsymbol{H}}_{m,\Gamma}^{\mathrm{T}}]^{\mathrm{T}} = \boldsymbol{B}_{m,f}\boldsymbol{X}_m$，$\overline{\boldsymbol{H}}_{m,\Gamma} = \boldsymbol{B}_{m,h}\boldsymbol{X}_m$。然后，使用目前比较先进的多波前大规模并行稀疏矩阵直接求解器（multifrontal massively parallel sparse direct solver，MUMPS）[2-3] 求解 $\tilde{\boldsymbol{A}}_m^{-1}$ 并将它乘上式（5.21），这时可以将任意子区域内部电场的 $\{E_{m,\mathrm{I}}\}$ 消去，得到一个只与交界面电磁场系数相关的方程，即

$$\boldsymbol{X}_{m,\Gamma} = \tilde{\boldsymbol{b}}_m + \sum_{n \in \{m\text{的相邻子区域}\}} \boldsymbol{Z}_m \boldsymbol{T}_{m,n} \boldsymbol{X}_{n,\Gamma} \quad (5.22)$$

其中

$$\tilde{\boldsymbol{b}}_m = \boldsymbol{B}_{m,f} \tilde{\boldsymbol{A}}_m^{-1} \boldsymbol{b}_m \quad (5.23)$$

$$\boldsymbol{Z}_m = \boldsymbol{B}_{m,f} \tilde{\boldsymbol{A}}_m^{-1} \boldsymbol{B}_{m,h}^{\mathrm{T}} \quad (5.24)$$

$$\boldsymbol{T}_{m,n}=[\boldsymbol{F}_{m,n}\quad \boldsymbol{G}_{m,n}] \tag{5.25}$$

同理，将 $\boldsymbol{K}_S^{-1}$ 乘上式（5.10）的第一行可以得到

$$\begin{bmatrix}\boldsymbol{I}_S & \boldsymbol{K}_S^{-1}\boldsymbol{M}_S\\ \boldsymbol{P}_S & \boldsymbol{Q}_S\end{bmatrix}\begin{Bmatrix}E_S\\ \overline{H}_S\end{Bmatrix}=\begin{Bmatrix}0\\ b_S\end{Bmatrix}+\sum_{n\in\{m\text{的相邻子区域}\}}\begin{bmatrix}\boldsymbol{K}_S^{-1}\boldsymbol{R}_{S,n} & \boldsymbol{K}_S^{-1}\boldsymbol{O}_{S,n}\\ 0 & 0\end{bmatrix}\begin{Bmatrix}E_{n,\Gamma}\\ \overline{H}_{n,\Gamma}\end{Bmatrix} \tag{5.26}$$

之所以没有将 $\boldsymbol{Q}_S^{-1}$ 乘上式（5.10）的第二行，是因为 $\boldsymbol{Q}_S$ 是一个稠密矩阵，直接求解该矩阵将消耗难以承受的内存需求。

最后，将所有内部子区域的式（5.22）和外表面区域的式（5.26）联立便得到原始的 Schwarz 型区域分解合元极方法的系统方程，即

$$\begin{bmatrix}\boldsymbol{I}_1 & -\boldsymbol{Z}_1\boldsymbol{T}_{1,2} & \cdots & -\boldsymbol{Z}_1\boldsymbol{T}_{1,N} & -\boldsymbol{Z}_1\boldsymbol{F}_{1,S} & -\boldsymbol{Z}_1\boldsymbol{G}_{1,S}\\ -\boldsymbol{Z}_2\boldsymbol{T}_{2,1} & \boldsymbol{I}_2 & \cdots & -\boldsymbol{Z}_2\boldsymbol{T}_{2,N} & -\boldsymbol{Z}_2\boldsymbol{F}_{2,S} & -\boldsymbol{Z}_2\boldsymbol{G}_{2,S}\\ \vdots & \vdots & \ddots & \vdots & \vdots & \vdots\\ -\boldsymbol{Z}_N\boldsymbol{T}_{N,1} & -\boldsymbol{Z}_N\boldsymbol{T}_{N,2} & \cdots & \boldsymbol{I}_N & -\boldsymbol{Z}_N\boldsymbol{F}_{N,S} & -\boldsymbol{Z}_N\boldsymbol{G}_{N,S}\\ -\boldsymbol{K}_S^{-1}\boldsymbol{T}'_{S,1} & -\boldsymbol{K}_S^{-1}\boldsymbol{T}'_{S,2} & \cdots & -\boldsymbol{K}_S^{-1}\boldsymbol{T}'_{S,N} & \boldsymbol{I}_S & \boldsymbol{K}_S^{-1}\boldsymbol{M}_S\\ 0 & 0 & \cdots & 0 & \boldsymbol{P}_S & \boldsymbol{Q}_S\end{bmatrix}\begin{bmatrix}X_{1,\Gamma}\\ X_{2,\Gamma}\\ \vdots\\ X_{N,\Gamma}\\ E_S\\ \overline{H}_S\end{bmatrix}$$

$$=\begin{bmatrix}\tilde{b}_1\\ \tilde{b}_2\\ \vdots\\ \tilde{b}_N\\ 0\\ b_S\end{bmatrix} \tag{5.27}$$

这里，$\boldsymbol{T}'_{S,n}=[\boldsymbol{R}_{S,n}\quad \boldsymbol{O}_{S,n}]$。显然，通过式（5.27）可以将原始的三维问题，降低成一个只与子区域交界面上的电磁场未知系数相关的二维问题的求解。该方程可以使用迭代方法进行有效求解，而且仍然可以

直接采用多层快速多极子算法加速 $\boldsymbol{P}_S E_S$ 和 $\boldsymbol{Q}_S \overline{H}_S$ 的矩阵和矢量相乘。

5.3　非共形网格交界面耦合矩阵计算

在上述区域分解合元极方法公式系统中，子区域之间的耦合矩阵(5.8)，(5.9)，(5.13) 和 (5.14) 是区域分解方法的关键因素，它们负责子区域之间的信息传递，将相对独立的子区域有效地联合起来。对于交界面具有共形网格的情况，耦合矩阵的计算可以通过简单的高斯积分方法获得，是相对简单的。然而，对于交界面具有非共形网格的情况，耦合矩阵的计算中试函数和基函数定义在非共形网格上，因此，该类型矩阵的计算是一项技术难题。在本节中，采用一种基于黏合细网格的积分方法来准确计算该类型矩阵。

考虑子区域 V_1 和 V_2 之间的耦合矩阵，它们之间的交界面分别为 Γ_{12} 和 Γ_{21}，经过网格离散后，它们的三角形网格定义为 Γ_{12}^h 和 Γ_{21}^h。为了叙述方便而且不失一般性，假设 Γ_{12}^h 具有 4 个三角形而 Γ_{21}^h 具有两个三角形网格，即 $\Gamma_{12}^h = \{\mathcal{F}_{12}^n, n=1,2,3,4\}$ 和 $\Gamma_{21}^h = \{\mathcal{F}_{21}^n, n=1,2\}$，且它们是几何非共形的情况，如图 5.4 所示。以计算下面的耦合矩阵为例

$$\boldsymbol{C}_{21} = \iint_{\Gamma_{21}} \boldsymbol{v}_2 \cdot \boldsymbol{u}_1 \mathrm{d}S \tag{5.28}$$

其中，$\boldsymbol{v}_2$ 和 $\boldsymbol{u}_1$ 分别表示 Γ_{21}^h 上的试函数和 Γ_{12}^h 上的基函数。

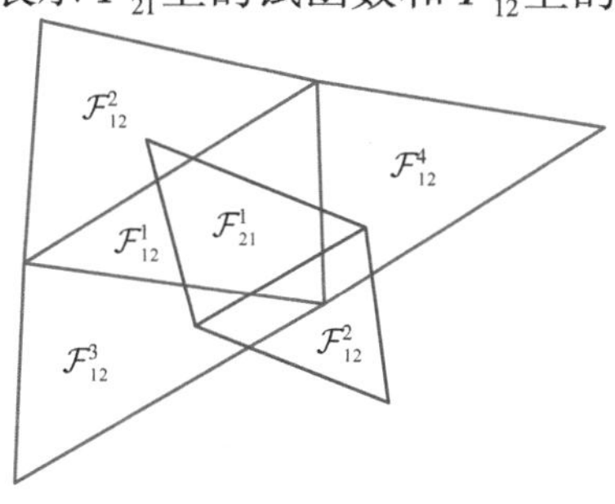

图 5.4　非共形三角形网格

一种计算式（5.28）的方法是在 Γ_{21}^{h} 上的每个三角形中取高斯积分点，然后在每个积分点上计算试函数 $\boldsymbol{v}_2$，找到该积分点所在 Γ_{12}^{h} 上的三角形计算基函数 $\boldsymbol{u}_1$，最后将它们代入式（5.28）。这种方法虽然简单直接，但是对于非共形网格的情况不够稳定，很难保证积分的计算精度。本节则采用一种更加稳定的基于黏合细网格的积分计算方法来准确计算非共形网格耦合中的数值积分，该方法具体实施过程如下。

第一步，找到相交三角形的重合多边形。以图 5.4 中的三角形 $\mathcal{F}_{12}^{1}$ 和 $\mathcal{F}_{21}^{1}$ 为例，具体方法是首先计算三角形 $\mathcal{F}_{21}^{1}$ 三条边分别与三角形 $\mathcal{F}_{12}^{1}$ 三条边的交点，然后确定两个三角形在另外一个三角形内的顶点，最后将这些符合上述要求的点按逆时针方向进行排序并将它们依次连接起来，以此便得到这两个三角形重合的多边形，如图 5.5 所示。

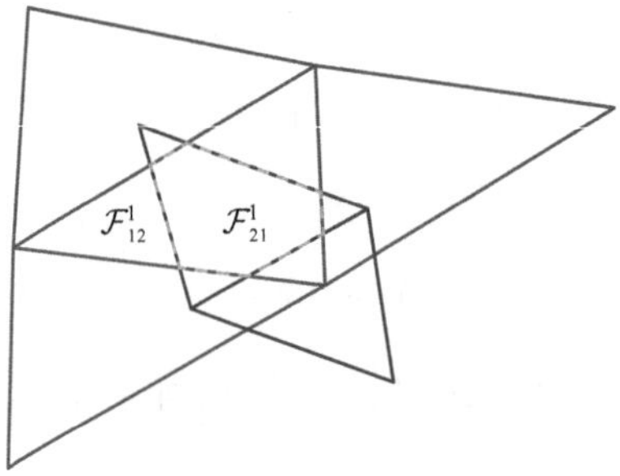

图 5.5　两个相交三角形的重合多边形部分

第二步，将重合的多边形分解为若干小三角形以便进行高斯积分，这些小的三角形即为黏合细网格（union mesh）。其实现方法非常简单，如图 5.6 所示，将 $\mathcal{F}_{12}^{1}$ 和 $\mathcal{F}_{21}^{1}$ 的重合多边形分解为 6 个小的三角形，记为 $t^{(q)}(q=1,2,\cdots,6)$。

第三步，通过黏合细网格计算重合多边形部分的耦合积分值。在每一个小三角形 $t^{(q)}$ 内取高斯积分点，然后在高斯积分点处获得试函数和基函数并做积分运算，最后将所有小三角形的积分值累加起来，可表示为

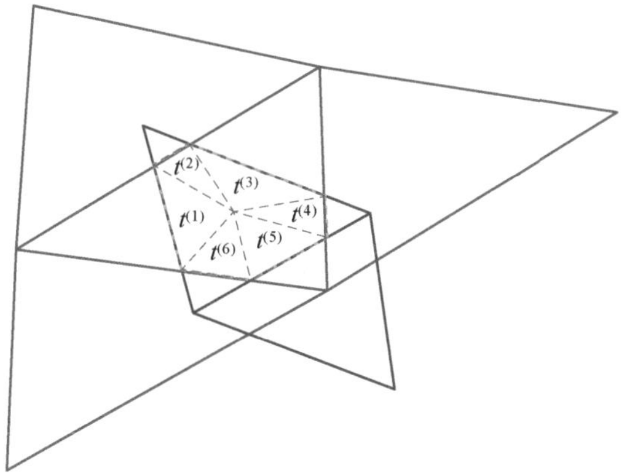

图 5.6　重合多边形分解为 6 个细三角形网格

$$\iint_{\mathcal{F}_{21}^1 \cap \mathcal{F}_{12}^1} \boldsymbol{v}_2 \cdot \boldsymbol{u}_1 \mathrm{d}S = \sum_{q=1}^{6} \iint_{t^{(q)}} \boldsymbol{v}_2 \cdot \boldsymbol{u}_1 \mathrm{d}S \tag{5.29}$$

随后将 Γ_{21}^h 中所有三角形与 Γ_{12}^h 中三角形的重合多边形上的积分（5.29）累加，便可得到耦合矩阵（5.28）。

上述实现步骤中最关键的一步是获得任意一个三角形与相邻三角形的重合多边形，如果依照循环遍历的方式去寻找交界三角形的重合多边形，那么计算复杂度将达到 $O(mn)$，其中 m 和 n 为交界面两侧的三角形数目。为了降低复杂度，可将任意一个三角形的相邻重合三角形的范围限定在以该三角形为中心的方形盒子内的少量三角形，这样可以将复杂度降低到 $O(m+n)$[4]。

5.4　ABC－SGS 预条件矩阵

尽管 Schwarz 型区域分解合元极方法的系统方程（5.27）比传统合元极方法的系统方程（2.37）的矩阵性态好很多，但是其迭代收敛性仍然不够理想。为了加快式（5.27）的迭代收敛速度，本节进一步提出了一种 ABC－SGS 预条件。该预条件矩阵构建的灵感来源于文献[5]。在文献[5]中，根据Schwarz型区域分解有限元方法矩阵特性，提出了一种对称高斯赛德尔预条件（symmetric Gauss - Seidel，SGS），经数值实验表明，该预处理矩阵能有效改善原始Schwarz型区域分解有限元方法的迭代收敛特性，进而使该方法具有很好的数值可扩展性。

然而，本章提出的非共形Schwarz型区域分解合元极方法的矩阵方程显然与Schwarz型区域分解有限元方法的矩阵方程完全不同，不能直接使用文献[5]中提出的SGS预条件。但是，可以像第2章中的合元极预处理算法一样，首先将边界积分方程使用一阶ABC近似表示，用这种方式，可以得到一个与式（2.37）系数矩阵近似的矩阵 $\overline{\boldsymbol{P}}$

$$\overline{\boldsymbol{P}}=\begin{bmatrix} \boldsymbol{I}_1 & -\boldsymbol{Z}_1\boldsymbol{T}_{1,2} & \cdots & -\boldsymbol{Z}_1\boldsymbol{T}_{1,N} & -\boldsymbol{Z}_1\boldsymbol{F}_{1,S} & -\boldsymbol{Z}_1\boldsymbol{G}_{1,S} \\ -\boldsymbol{Z}_2\boldsymbol{T}_{2,1} & \boldsymbol{I}_2 & \cdots & -\boldsymbol{Z}_2\boldsymbol{T}_{2,N} & -\boldsymbol{Z}_2\boldsymbol{F}_{2,S} & -\boldsymbol{Z}_2\boldsymbol{G}_{2,S} \\ \vdots & \vdots & \ddots & \vdots & \vdots & \vdots \\ -\boldsymbol{Z}_N\boldsymbol{T}_{N,1} & -\boldsymbol{Z}_N\boldsymbol{T}_{N,2} & \cdots & \boldsymbol{I}_N & -\boldsymbol{Z}_N\boldsymbol{F}_{N,S} & -\boldsymbol{Z}_N\boldsymbol{G}_{N,S} \\ -\boldsymbol{T}'_{S,1} & -\boldsymbol{T}'_{S,2} & \cdots & -\boldsymbol{T}'_{S,N} & \boldsymbol{K}_S & \boldsymbol{M}_S \\ 0 & 0 & \cdots & 0 & -\boldsymbol{M}_S & \boldsymbol{V}_S \end{bmatrix} \tag{5.30}$$

其中 $\boldsymbol{V}_S=\mathrm{j}k_0\iint_S(\hat{\boldsymbol{n}}_S\times\boldsymbol{N}_S)\cdot(\hat{\boldsymbol{n}}_S\times\boldsymbol{N}_S)^{\mathrm{T}}\mathrm{d}S$。式（5.30）中的最后一行对应ABC近似的边界积分方程矩阵。参考式（5.26）的获得过程，对矩阵 $\overline{\boldsymbol{P}}$ 最后两行进行处理得到如下矩阵 $\tilde{\boldsymbol{P}}$

$$\tilde{\boldsymbol{P}}=\begin{bmatrix} \boldsymbol{I}_1 & -\boldsymbol{Z}_1\boldsymbol{T}_{1,2} & \cdots & -\boldsymbol{Z}_1\boldsymbol{T}_{1,N} & -\boldsymbol{Z}_1\boldsymbol{T}_{1,S} \\ -\boldsymbol{Z}_2\boldsymbol{T}_{2,1} & \boldsymbol{I}_2 & \cdots & -\boldsymbol{Z}_2\boldsymbol{T}_{2,N} & -\boldsymbol{Z}_2\boldsymbol{T}_{2,S} \\ \vdots & \vdots & \ddots & \vdots & \vdots \\ -\boldsymbol{Z}_N\boldsymbol{T}_{N,1} & -\boldsymbol{Z}_N\boldsymbol{T}_{N,2} & \cdots & \boldsymbol{I}_N & -\boldsymbol{Z}_N\boldsymbol{T}_{N,S} \\ -\boldsymbol{Z}'_S\boldsymbol{T}'_{S,1} & -\boldsymbol{Z}'_S\boldsymbol{T}'_{S,2} & \cdots & -\boldsymbol{Z}'_S\boldsymbol{T}'_{S,N} & \boldsymbol{I}_S \end{bmatrix} \tag{5.31}$$

在式（5.31）中

$$Z'_S = \begin{bmatrix} \boldsymbol{K}_S & \boldsymbol{M}_S \\ -\boldsymbol{M}_S & \boldsymbol{V}_S \end{bmatrix}^{-1} \boldsymbol{B}_{S,E}^{\mathrm{T}} \tag{5.32}$$

其中，$\boldsymbol{B}_{S,E}$是一个布尔矩阵，满足 $\boldsymbol{E}_S = \boldsymbol{B}_{S,E}[\boldsymbol{E}_S^{\mathrm{T}} \quad \overline{\boldsymbol{H}}_S^{\mathrm{T}}]^{\mathrm{T}}$。

显然，通过引入 ABC 对边界积分方程进行近似表示，可以获得一个与 Schwarz 型区域分解有限元法结构相似的矩阵。此时，可以将 SGS 矩阵构造技术应用于式（5.31），获得 Schwarz 型区域分解合元极方法的预条件矩阵 $\tilde{\boldsymbol{P}}_{\mathrm{ABC-SGS}}$，即

$$\tilde{\boldsymbol{P}}_{\mathrm{ABC-SGS}} = \boldsymbol{L}\boldsymbol{U} \tag{5.33}$$

这里，$\boldsymbol{L}$ 是矩阵 $\tilde{\boldsymbol{P}}$ 的下三角块矩阵，$\boldsymbol{U}$ 是其上三角块矩阵，具体形式如下

$$\boldsymbol{L} = \begin{bmatrix} \boldsymbol{I}_1 & 0 & \cdots & 0 & 0 \\ -\boldsymbol{Z}_2\boldsymbol{T}_{2,1} & \boldsymbol{I}_2 & \cdots & 0 & 0 \\ \vdots & \vdots & \ddots & \vdots & \vdots \\ -\boldsymbol{Z}_N\boldsymbol{T}_{N,1} & -\boldsymbol{Z}_N\boldsymbol{T}_{N,2} & \cdots & \boldsymbol{I}_N & 0 \\ -\boldsymbol{Z}'_S\boldsymbol{T}'_{S,1} & -\boldsymbol{Z}'_S\boldsymbol{T}'_{S,2} & \cdots & -\boldsymbol{Z}'_S\boldsymbol{T}'_{S,N} & \boldsymbol{I}_S \end{bmatrix} \tag{5.34}$$

$$\boldsymbol{U} = \begin{bmatrix} \boldsymbol{I}_1 & -\boldsymbol{Z}_1\boldsymbol{T}_{1,2} & \cdots & -\boldsymbol{Z}_1\boldsymbol{T}_{1,N} & -\boldsymbol{Z}_1\boldsymbol{T}_{1,S} \\ 0 & \boldsymbol{I}_2 & \cdots & -\boldsymbol{Z}_2\boldsymbol{T}_{2,N} & -\boldsymbol{Z}_2\boldsymbol{T}_{2,S} \\ \vdots & \vdots & \ddots & \vdots & \vdots \\ 0 & 0 & \cdots & \boldsymbol{I}_N & -\boldsymbol{Z}_N\boldsymbol{T}_{N,S} \\ 0 & 0 & \cdots & 0 & \boldsymbol{I}_S \end{bmatrix} \tag{5.35}$$

在预处理时将使用 $\tilde{\boldsymbol{P}}_{\mathrm{ABC-SGS}}$的逆，可表示为 $\boldsymbol{U}^{-1}\boldsymbol{L}^{-1}$。因为 $\boldsymbol{L}$ 和 $\boldsymbol{U}$ 是典型的下三角矩阵和上三角矩阵，它们的求逆只需简单的前代和后代运算，因此，$\tilde{\boldsymbol{P}}_{\mathrm{ABC-SGS}}$矩阵逆的获得不需要额外的内存需求。

5.5 数值算例

为研究本章提出的非共形 Schwarz 型区域分解合元极方法的数值性能，在一台具有 2 个 Intel X5650 2.66 GHz 的 CPU 和 96 GB 内存的服务器上进行了一系列的数值实验。采用 GMRES 迭代求解器求解方程 (5.27)，其重启步数设置为 20。另外，如果没有具体说明，迭代收敛的精度设置为 10^{-3}。

5.5.1 均匀介质立方块散射

首先，以一个边长为 2 m×2 m×2 m 的均匀介质立方块的散射为例来验证该非共形 Schwarz 型区域分解合元极方法的正确性。该目标的材料特性分两种情况考虑：一种为有耗材料，相对介电常数为 $\varepsilon_r = 2.0 - 1.0\mathrm{j}$；另外一种为无耗材料，相对介电常数为 $\varepsilon_r = 2.0$。入射平面波的频率为 300 MHz，入射角度为 $\theta = 30°$，$\varphi = 0°$。在计算前，将整个内部有限元区域分解为 8 个子区域。为了保证交界面上具有非共形的网格，将其中 4 个子区域使用平均边长为 $h = \lambda_0/20$ 的规则型四面体网格进行剖分，而另外 4 个子区域使用平均边长为 $h = \lambda_0/20$ 的非规则型四面体网格剖分，剖分后的情况如图 5.7 所示。最终所有内部有限元子区域内四面体网格的未知数为 567 980，外边界积分区域的未知数为 28 800。经过区域分解合元极方法后，最终求解的矩阵维度为 121 968。图 5.8 给出了非共形 Schwarz 型区域分解合元极方法的计算结果，并和矩量法的计算结果进行对比。图 5.9 描绘了在不同材料下该方法的收敛曲线。图 5.8 表明，本章提出的区域分解合元极方法的计算结果与矩量法得到的结果吻合较好，证明了该方法的正确性。此外，从图 5.9 可以看出，该方法对有耗材料目标的迭代收敛性好于无耗材料目标。

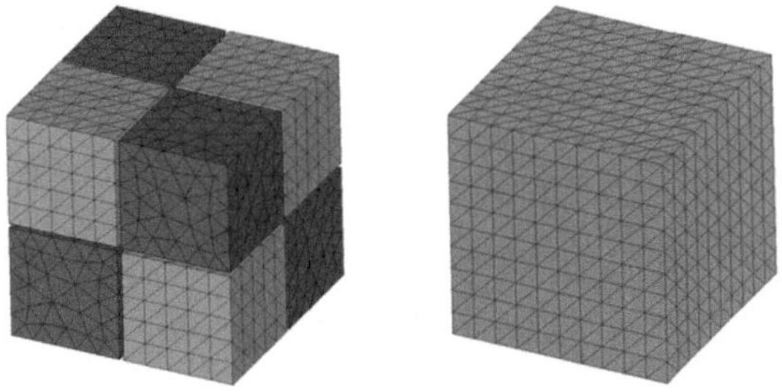

（a）　　　　　　　　（b）

图 5.7　一个介质块目标非共形网格剖分示例

（a）内部有限元子区域网格；（b）外部边界积分区域网格

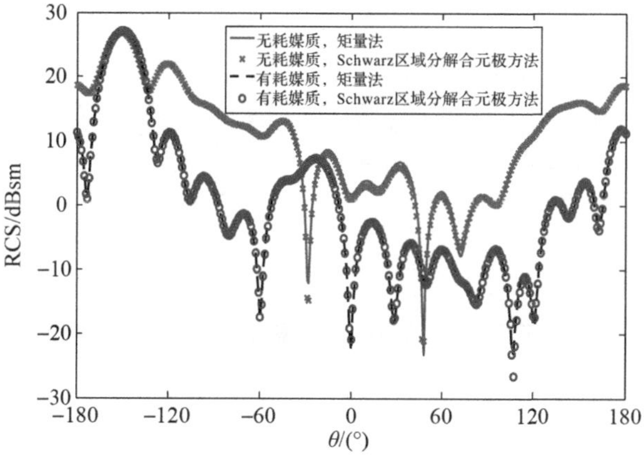

图 5.8　一个介质块目标在 xz 平面内的 VV 极化双站 RCS

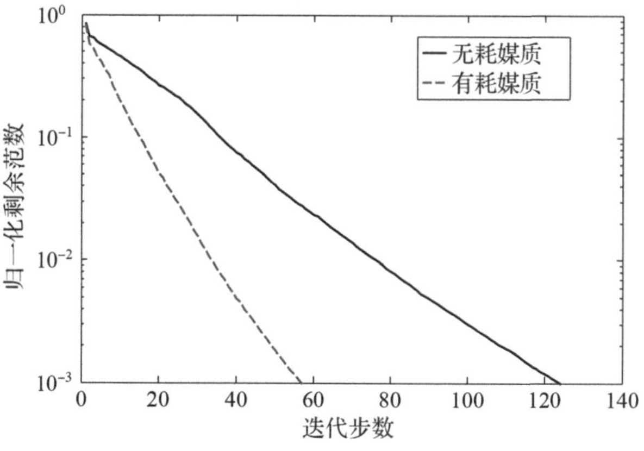

图 5.9　非共形 Schwarz 型区域分解合元极方法
对于具有不同材料介质块的收敛曲线

为了进一步展示该方法对于子区域具有高对比度网格密度情况下的数值性能，将其中 4 个子区域的网格尺寸设置为 $h=\lambda_0/40$，而另外 4 个子区域的网格尺寸为 $h=\lambda_0/20$，如图 5.10 所示。然后重复上面的计算，最终获得的 RCS 结果和收敛曲线分别如图 5.11 和图 5.12 所示。从图中可以看出，对于子区域网格密度相差很大和基本一致的情况，该区域分解合元极方法的计算结果吻合很好，而且收敛性相似，进一步证明该方法是一种比较稳健的方法。

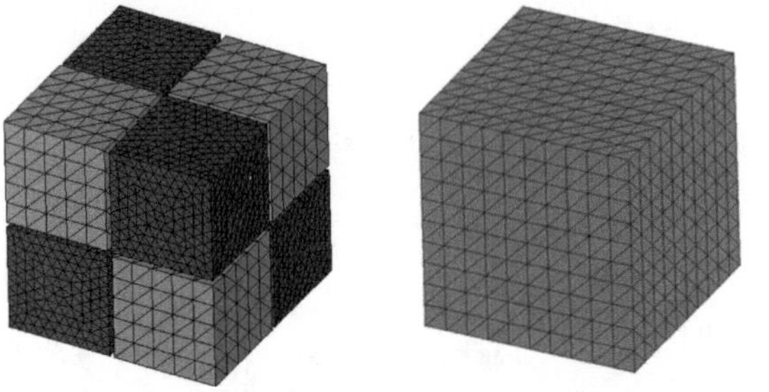

（a）　　　　　　　　　　（b）

图 5.10　子区域具有高对比度网格密度下的非共形网格示例

（a）内部有限元子区域网格；（b）外部边界积分区域网格

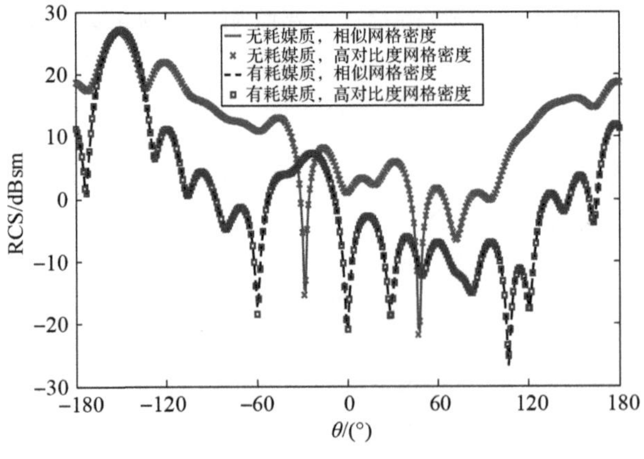

图 5.11　一个介质块目标在子区域具有高对比度网格密度和相似网格密度下在 *xz* 平面内的 VV 极化双站 RCS

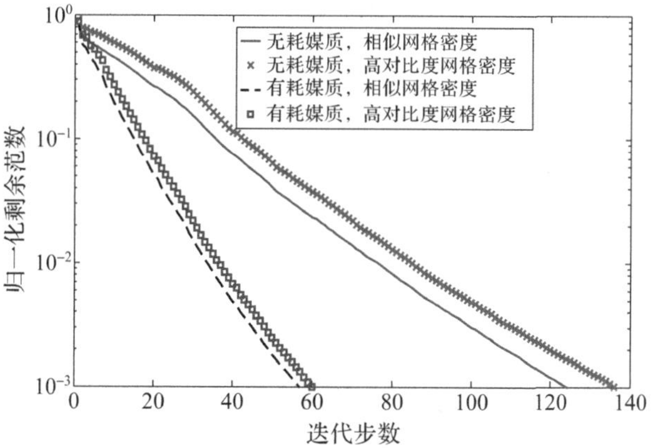

图 5.12 非共形 Schwarz 型区域分解合元极方法在子区域具有高对比度网格密度和相似网格密度下的收敛曲线

5.5.2 非均匀介质块阵列散射

下面以一个非均匀介质块阵列的散射问题为例展示本节提出的ABC - SGS 预条件的预处理效果和研究该非共形 Schwarz 型区域分解合元极方法的数值可扩展性。图 5.13 展示了该非均匀介质块单元的几何结构和阵列形式。在图 5.13 中，相对介电常数 ε_{r1} 和 ε_{r2} 分别为 1.5 和 2.2。

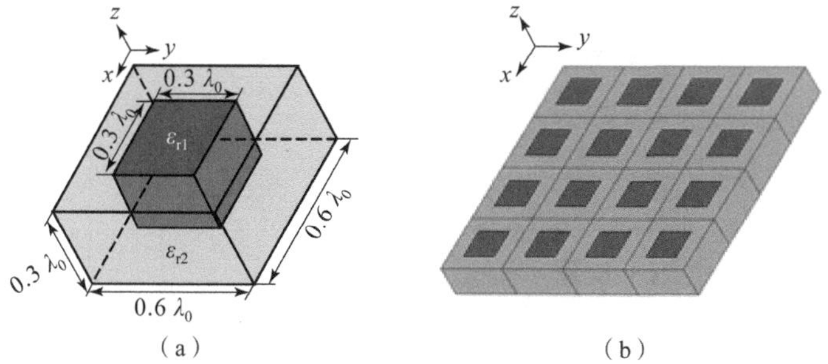

图 5.13 非均匀介质块阵列示意图

(a) 阵列单元几何尺寸；(b) 大小为 4 × 4 的阵列

这里考虑三种尺寸的阵列，分别为 2 × 2，4 × 4 和 8 × 8。使用第 2 章介绍的合元极分解算法和本章提出的采用或不采用 ABC - SGS 预条件处理的 Schwarz 型区域分解合元极方法计算它们的双站 RCS。激励平面波的入射角度为 $\theta=0°$，$\varphi=0°$。在区域分解合元极方法中，每一个单元作为一个内部子区域，内部子区域和外部边界采用尺寸为 $h=\lambda_0/25$ 的网格单独剖分，而对于合元极分解算法，整个区域采用尺寸为 $h=\lambda_0/25$ 的网格剖分。图 5.14 展示了 3 种阵列经不同方法计算所得的双站 RCS 结果，显然，不同方法的计算结果吻合很好，再次验证了该方法的正确性。此外，表 5.1 列出了不同方法在计算过程中的主要计算资源，为了更加直观，将迭代步数和最大内存消耗随阵列规模变大的变化趋势用图 5.15 和图 5.16 分别进行展示。

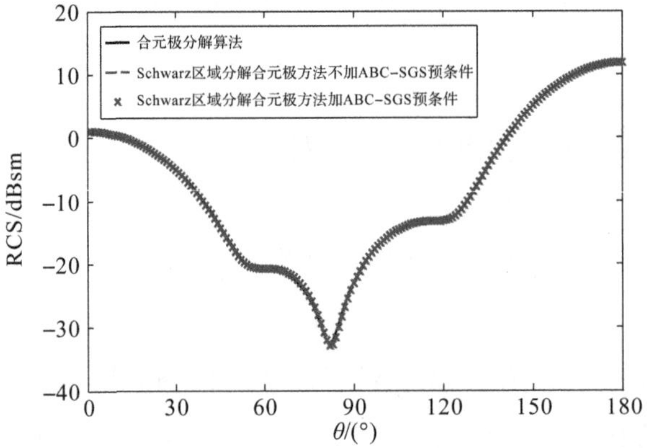

(a)

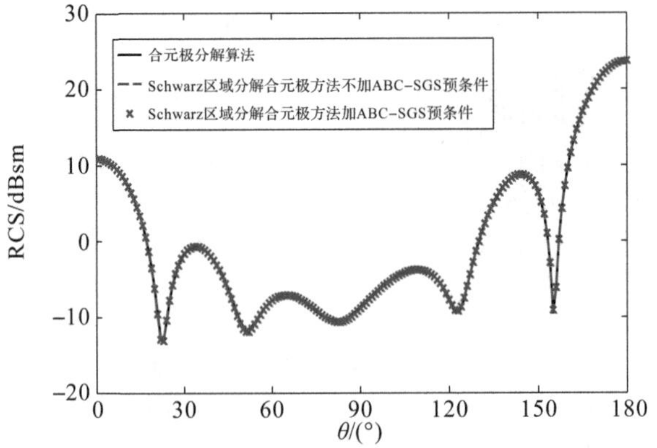

(b)

图 5.14 不同规模的介质块阵列在 *xz* 平面上的 VV 极化双站 RCS（附彩插）

(a) 2×2 阵列；(b) 4×4 阵列

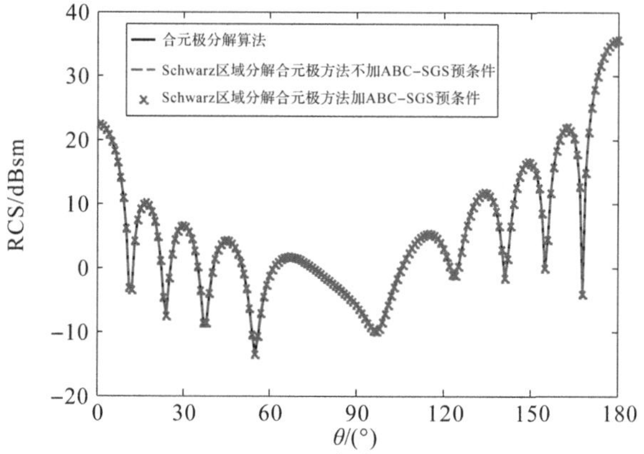

(c)

图 5.14　不同规模的介质块阵列在 xz 平面上的 VV 极化双站 RCS（附彩插）（续）
(c) 8×8 阵列

表 5.1　不同方法对于不同规模阵列的计算资源需求情况

资源类别		阵列规模		
		2×2	4×4	8×8
未知数	合元极分解算法	82 494	321 652	1 268 073
	区域分解合元极方法	25 008	100 032	400 128
迭代步数	合元极分解算法	40	70	282
	区域分解合元极方法（不采用/采用预条件）	102/51	150/71	217/107
最大内存消耗/GB	合元极分解算法	1.25	5.38	24.48
	区域分解合元极方法（不采用/采用预条件）	0.86/0.87	2.97/3.07	11.52/11.81
计算总时间/s	合元极分解算法	88	362	2 463
	区域分解合元极方法（不采用/采用预条件）	97/92	384/366	1 691/1 621

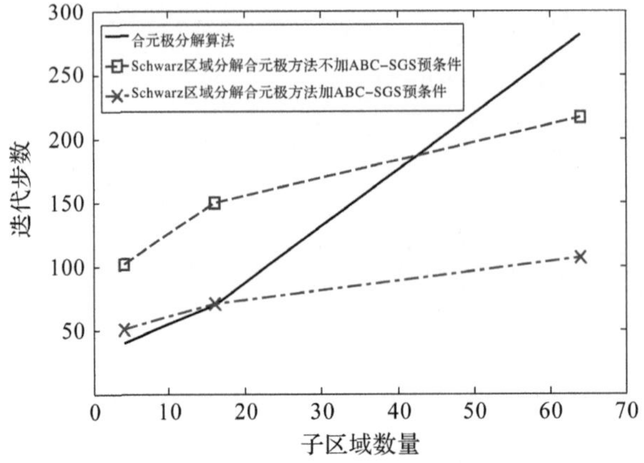

图 5.15 不同方法的迭代步数随阵列规模变大的变化曲线

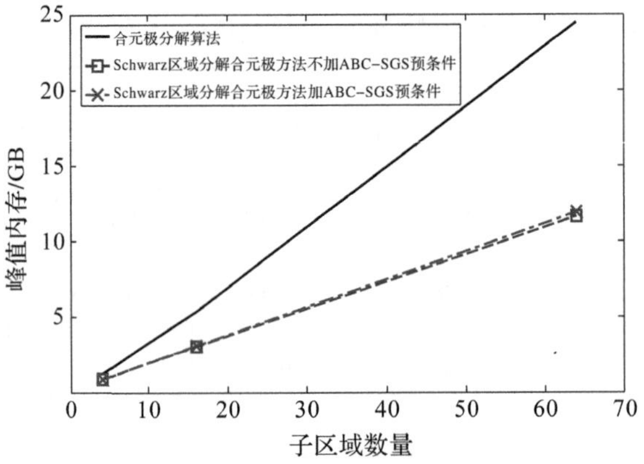

图 5.16 不同方法的内存消耗随阵列规模变大的变化曲线

从图 5.15 可以看出，与不采用预条件的情况相比，本节提出的 ABC - SGS 预条件能有效减少 50% 的迭代步数。而且，图 5.16 表明该预条件所需要的内存很少，这与理论分析的结论一致。另外，图 5.15 和图 5.16 也表明非共形 Schwarz 型区域分解合元极方法所需的迭代步数和内存消耗随计算规模变大而增长的速度要比合元极分解算法的增长速度慢很多，充分展现了该区域分解合元极方法具有更好的数值可扩展性。

5.5.3 贴片阵列天线辐射

为了展现本章提出的非共形 Schwarz 型区域分解合元极方法解决实际问题的能力，本节使用该方法计算一种贴片阵列天线的辐射方向图。其阵列单元的几何结构和尺寸如图 5.17 所示，基板的相对介电常数为 2.2。

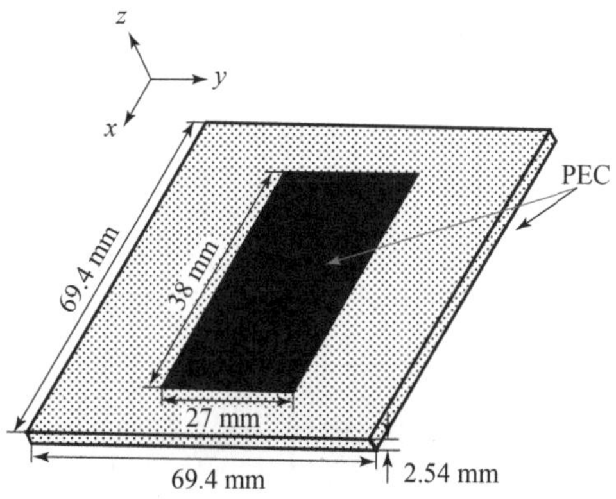

图 5.17　贴片阵列天线单元的几何结构和具体尺寸

在本算例中需考虑两个不同规模阵列的辐射问题，分别为 16 × 16 和 32 × 32 的阵列。天线的工作频率为 3.46 GHz，采用文献[6]提出的探针型馈源进行激励。将每一个阵列单元作为一个内部子区域，内部子区域的四面体网格密度为 $h = \lambda_0/25$，而外边界面的三角形网格密度为$h = \lambda_0/20$。非共形 Schwarz 型区域分解方法计算不同尺寸的阵列天线所得的归一化辐射方向图如图 5.18 和图 5.19 所示，其中图 5.18 展示在 *xz* 平面上的归一化辐射方向图，图 5.19 展示在 *yz* 平面上的归一化辐射方向图。该方法计算过程中计算资源消耗情况列于表 5.2 中。

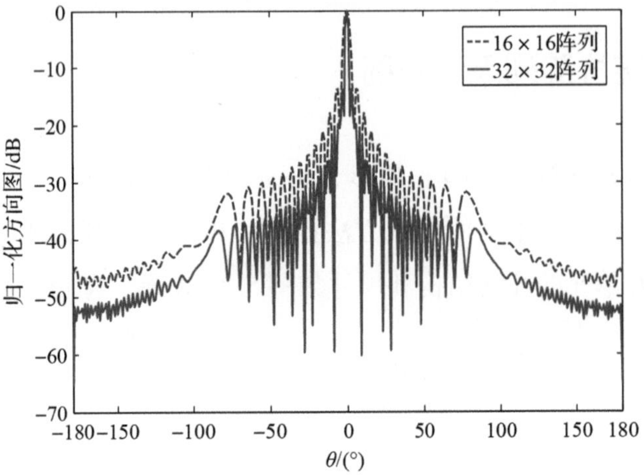

图 5. 18　不同规模贴片阵列天线在 *xz* 平面上的归一化辐射方向图

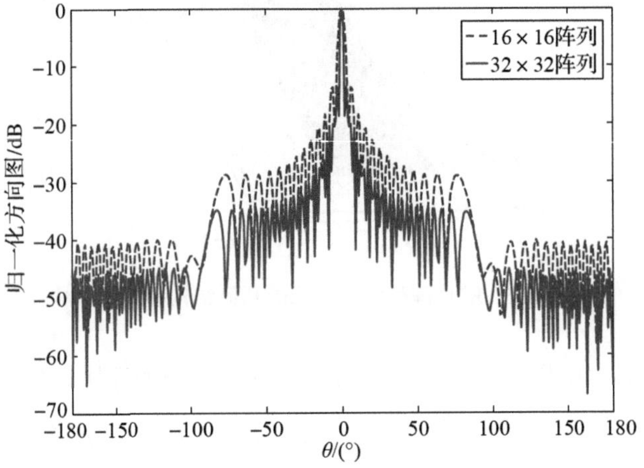

图 5. 19　不同规模贴片阵列天线在 *yz* 平面上的归一化辐射方向图

表 5. 2　非共形 Schwarz 型区域分解合元极方法对于不同规模贴片阵列天线的计算资源消耗情况

资源类别	阵列规模	
	16×16	32×32
未知数（FEM/BI）	1 633 024/827 712	6 532 096/3 298 944
使用区域分解后的未知数	724 992	2 899 968
系数矩阵计算时间/s	262. 6	1 066. 9

续表

资源类别	阵列规模	
	16×16	32×32
预处理矩阵计算时间/s	15.9	68.4
系数矩阵所需内存/GB	1.93	7.71
预处理矩阵所需内存/GB	0.26	1.07
迭代步数	138	171
内存需求峰值/GB	6.91	27.55
计算总时间/（hh：mm：ss）	00：46：35	03：21：28

5.5.4　复合材料飞行器散射

本节算例是一个复合材料飞行器的单站散射问题。图 5.20 给出了该飞行器的形状。它的长度为 2.33 m，翼展为 2.32 m。该飞行器前边缘由相对介电常数为 $\varepsilon_r = 2.0 - 1.0j$ 的介质构成。使用非共形 Schwarz 型区域分解合元极方法计算该目标在 1.5 GHz 和 3.0 GHz 平面波照射下的单站 RCS。固定 $\varphi = 0°$，θ 从 90°到 130°，等间隔取 41 个点。在计算中，将飞行器的介质边缘分解为如图 5.20 所示的两个子区域，每个子区域使用尺寸为 $h = \lambda_0/20$ 的四面体进行网格剖分，外边界面使用尺

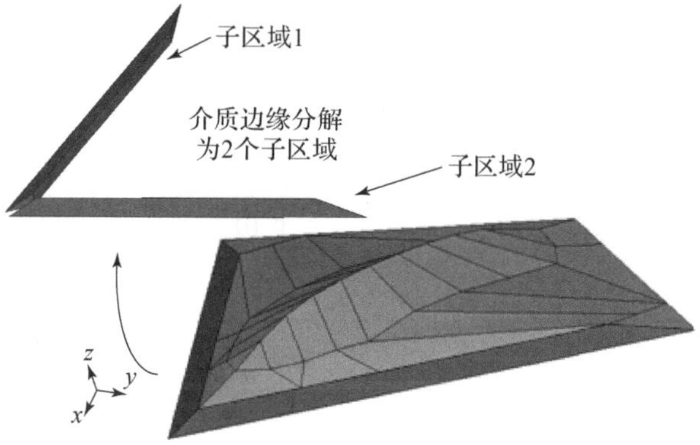

图 5.20　复合材料飞行器模型

寸为 $h=\lambda_0/10$ 的三角形进行网格剖分。图 5.21 展示了非共形 Schwarz 型区域分解合元极方法的计算结果，并和矩量法计算完全为金属的飞行器所得结果进行对比。该区域分解方法对该目标的计算资源列于表 5.3 中。

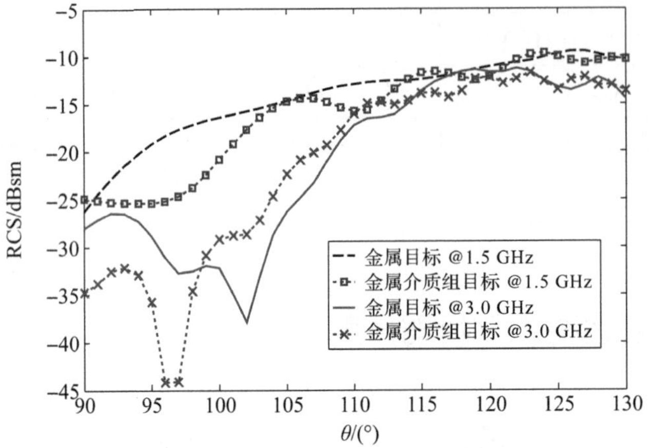

图 5.21　不同频率下复合材料和纯金属飞行器的单站 RCS

表 5.3　非共形 Schwarz 型区域分解合元极方法计算复合材料飞行器的计算资源统计

资源类别	频率/GHz	
	1.5	3.0
未知数（FEM/BI）	170 021/102 114	1 169 207/403 050
使用区域分解后的未知数	55 798	223 494
系数矩阵计算时间/s	28.9	496.5
预处理矩阵计算时间/s	1.2	3.5
系数矩阵所需内存/GB	0.45	6.22
预处理矩阵所需内存/GB	0.01	0.04
最少/最多迭代步数	54/72	53/70
内存需求峰值/GB	0.86	7.30
每个角度平均计算时间/（mm：ss）	01：54	10：43

5.6 小　结

本章提出了一种非共形 Schwarz 型区域分解合元极方法以提高传统合元极方法的计算能力，并采用基于黏合细网格的非共形交界面耦合矩阵计算技术，允许子区域单独建模与剖分，有效降低了模型前处理的难度。为提高该区域分解合元极方法的迭代收敛性，基于一阶 ABC 近似边界积分和对称高斯赛德尔预条件技术，提出了一种 ABC - SGS 预条件。经过一系列的数值实验，包括辐射和散射电磁问题，验证了本章提出的方法是准确、有效和灵活的。提出的 ABC - SGS 预条件在不需要很多额外内存需求的前提下能有效降低 50% 的迭代收敛步数。此外，该方法的迭代步数和内存需求随目标规模增大而增加的速度是比较缓慢的，展示了其具有较好的数值可扩展性和对电大目标的计算潜力。

参考文献

[1] Li Y J, Jin J M. A New Dual-Primal Domain Decomposition Approach for Finite Element Simulation of 3D Large-Scale Electromagnetic Problems [J]. IEEE Trans. Antennas Propagat., 2007, 55 (10): 2803 - 2810.

[2] Amestoy P R, Duff I S, Koster J, et al. A Fully Asynchronous Multifrontal Solver Using Distributed Dynamic Scheduling [J]. SIAM J. Matrix Analysis Appl., 2001, 23 (1): 15 - 41.

[3] Amestoy P R, Guermouche A, L' Excellent J Y, et al. Hybrid Scheduling for the Parallel Solution of Linear Systems [J]. Parallel

Computing, 2006, 32 (2): 136 – 156.

[4] Gander M J, Japhet C. An Algorithm for Non-matching Grid Projections with Linear Complexity [C]. Proceedings of the 18th Internatinal Conference on Domain Decomposition Methods, Springer, 2009: 185 – 192.

[5] Lü Z Q, An X, Hong W. A Fast Domain Decomposition Method for Solving Three-Dimensional Large-Scale Electromagnetic Problems [J]. IEEE Trans. Antennas Propagat., 2008, 56 (8): 2200 – 2210.

[6] Jin J M, Riley D J. Finite Element Analysis of Antennas and Arrays [M]. New York: John Wiley & Sons, 2008.

第6章 非共形 FETI－DP 型区域分解合元极方法

6.1 引　　言

第5章详细介绍了基于 Schwarz 型区域分解有限元方法而提出的非共形 Schwarz 型区域分解合元极方法。在区域分解有限元方法领域，还存在另外一类有效的方法——基于对偶—原始变量的有限元撕裂对接方法（FETI－DP）。初期，FETI－DP 方法之所以被人们定义为另一类区域分解有限元方法是因为该方法通过引入拉格朗日乘子（Lagrange multiplier，LM）实现传输条件对子区域的联结。随着对 FETI－DP 方法的深入研究，研究者们认识到 FETI－DP 方法的突出特点是在于，其实施过程中通过子区域交接拐角处的公共基函数构建了一个全局预处理矩阵，通过该全局预处理矩阵将误差传递给所有子区域。基于这样的理解，随后一种引入辅助变量实现传输条件对子区域联结的 FETI－DP 方法在文献[1]中被提出。数值实验表明，基于拉格朗日乘子与基于辅助变量的 FETI－DP 有限元方法具有相似的数值性能。另外，由于采用全局预处理矩阵传递误差，FETI－DP 方法比 Schwarz 型区域分解方法的收敛性好很多。电磁学者已经认识到 FETI－DP 方法的优势和潜力，考虑将其引入合元极方法中以期提高该方法的计算能力。基于拉格朗日乘子的FETI－DP方法，先后提出了区域分解合元极方法[2]和合元极预处理技术[3]。然而，上述的FETI－DP型区域分解合元极方法是共形方法，只适用于子区域交界面具有共形网格的情况。

在现实的电磁工程设计中，所涉及的目标往往根据不同功能或者特性分为若干不同的部分。通常情况下，人们期望每个部分都能实现单独的剖分，然后组装在一起，这样可以避免因局部的变化导致整体重新剖分，达到加快优化过程的目的。显然，每个部分单独剖分不可避免会产生交界面具有非共形网格的情况，因此，对于现实的电磁工程设计，非共形区域分解方法是非常重要也是迫切需要的。基于Schwarz型区域分解方法的原理，从共形方法到非共形方法是简单且直接的，只需改进交界面耦合矩阵的计算方式即可。然而，对于FETI－DP方法就不是那么简单了，需要解决很多新的问题。首先，在共形FETI－DP方法中，拉格朗日乘子并不是采用基函数展开的，这在非共形FETI－DP方法中是不可能实现的。另外，如何构造全局预处理矩阵需重新考虑，因为对于共形网格，子区域拐角边上的网格是相同的，很容易引入公共的变量，然而对于非共形网格，就很难实现了。值得庆幸的是，文献[1]已经将上述问题解决，提出了两种非共形FETI－DP区域分解有限元方法。然而，如何将非共形FETI－DP方法应用于合元极方法，其效果究竟如何仍是一片空白。

基于上述需求分析，本章将非共形FETI－DP方法应用于合元极方法，总结出最有效的非共形FETI－DP型区域分解合元极方法。实际上，可以采用两种类型的传输条件来联结有限元和边界积分区域：狄利克雷传输条件（DTC）和Robin型传输条件（RTC）。而且，有两种形式的FETI－DP方法来处理有限元部分：基于拉格朗日乘子的FETI－DP方法（LM－based FETI－DP）和基于辅助变量的FETI－DP方法（CE－based FETI－DP）。因此，本章提出了4种非共形FETI－

DP 型区域分解合元极方法，给出详细的公式推导过程，并通过丰富的数值实验研究这 4 种方法的性能。

6.2　区域分解策略与子区域联结方法

6.2.1　区域分解策略

本章仍然以如图 5.1 所示的散射问题为例进行介绍。与第 5 章提出的非共形 Schwarz 型区域分解合元极方法的区域分解策略相同，非共形 FETI－DP 型区域分解合元极方法也是首先将内部有限元区域和外部边界积分区域分开，然后再将内部有限元区域分解为更小的子区域，如图 5.2 所示。其中各个部分的标识与第 5 章介绍的完全相同。

相似地，每个内部子区域 V_m 中的电磁场可以用下面泛函的变分进行表示

$$F(\boldsymbol{E}_m) = \frac{1}{2}\iiint_{V_m}\left[(\nabla\times\boldsymbol{E}_m)\cdot\left(\frac{1}{\mu_{\mathrm{r},m}}\nabla\times\boldsymbol{E}_m\right)-k_0^2\varepsilon_{\mathrm{r},m}\boldsymbol{E}_m\cdot\boldsymbol{E}_m\right]\mathrm{d}V - \mathrm{j}k_0\iint_{\Gamma_m}\boldsymbol{E}_m\cdot(\hat{\boldsymbol{n}}_m\times\overline{\boldsymbol{H}}_m)\,\mathrm{d}S \tag{6.1}$$

其中，$\overline{\boldsymbol{H}}_m = Z_0\boldsymbol{H}_m$；$\boldsymbol{H}_m$ 和 $\boldsymbol{E}_m$ 为表示内部子区域 V_m 中的磁场和电场。$\varepsilon_{\mathrm{r},m}$和$\mu_{\mathrm{r},m}$分别为子区域 V_m 中的相对介电常数和相对磁导率。此外，j 为虚数单位，$k_0 = \omega\sqrt{\mu_0\varepsilon_0}$为自由空间的波数，$\omega = 2\pi f$ 表示为角频率。

对于外表面 S，与传统合元极方法相同，电磁场满足下面的混合场积分方程

$$\boldsymbol{\pi}_{\mathrm{t}}\left(-\frac{1}{2}\boldsymbol{E}_S+\tilde{\boldsymbol{L}}(\hat{\boldsymbol{n}}\times\overline{\boldsymbol{H}}_S)-\tilde{\boldsymbol{K}}(\boldsymbol{E}_S\times\hat{\boldsymbol{n}})\right)+$$
$$\boldsymbol{\pi}_{\times}\left(\left[-\frac{1}{2}\overline{\boldsymbol{H}}_S+\tilde{\boldsymbol{L}}(\boldsymbol{E}_S\times\hat{\boldsymbol{n}})+\tilde{\boldsymbol{K}}(\hat{\boldsymbol{n}}\times\overline{\boldsymbol{H}}_S)\right]\right) \tag{6.2}$$
$$=-\boldsymbol{\pi}_{\mathrm{t}}(\boldsymbol{E}^i)-\boldsymbol{\pi}_{\times}(\overline{\boldsymbol{H}}^i)$$

其中，$\boldsymbol{\pi}_{\mathrm{t}}(\cdot):=\hat{\boldsymbol{n}}\times(\cdot)\times\hat{\boldsymbol{n}}$ 和 $\boldsymbol{\pi}_{\times}(\cdot):=\hat{\boldsymbol{n}}\times(\cdot)$ 都是取被作用量表面切向分量的算子，但它们的方向不同，前者与被作用量一致，后者与被作用量垂直。$\tilde{\boldsymbol{L}}$ 和 $\tilde{\boldsymbol{K}}$ 为积分微分算子，具体表达式见式（2.31）和式（2.32），而且 $\tilde{\boldsymbol{K}}$ 中的奇异点已经移除。

6.2.2 内部有限元子区域联结方法

下面考虑如何将各个内部子区域及内部子区域与外部边界有效联结起来。首先考虑内部子区域之间的联结。第一种方式是让相邻子区域交界面处的电场和磁场在交界面上的切向分量分别连续，这就是狄利克雷传输条件（Dirichlet transmission condition，DTC）。然而，前人研究表明，这样的联结方式将会导致最终获得的区域分解方程的性态很差，从而使迭代收敛很慢，数值可扩展性差。第二种方式是采用一阶 Robin 型传输条件（Robin transmission condition，RTC），这是目前最常用的方法，而且在具体实施过程中，又有两种途径。一种是引入拉格朗日乘子，即使用一个矢量 $\boldsymbol{\Lambda}$ 来表示子区域交界面上的切向电磁场的总和，即

$$\begin{cases}\alpha\boldsymbol{\pi}_{\mathrm{t}}(\boldsymbol{E}_m)-\mathrm{j}k_0\boldsymbol{\pi}_{\times}(\overline{\boldsymbol{H}}_m)=\boldsymbol{\Lambda}_m & \text{在 } \Gamma_{m,n}\text{ 面上}\\ \alpha\boldsymbol{\pi}_{\mathrm{t}}(\boldsymbol{E}_n)-\mathrm{j}k_0\boldsymbol{\pi}_{\times}(\overline{\boldsymbol{H}}_n)=\boldsymbol{\Lambda}_n & \text{在 } \Gamma_{n,m}\text{ 面上}\end{cases} \tag{6.3}$$

在式（6.3）中，α 为一个可变的系数，通常情况下可设为 $-\mathrm{j}k_0$。这样，通过引入拉格朗日乘子便将子区域彻底地分开，任意子区域 V_m 内

的电磁场可由式（6.1）和式（6.3）完整表述，并可将电场 $\boldsymbol{E}_m$ 用 $\boldsymbol{\Lambda}_m$ 表示。然后，可以通过下面等式将原问题转化为关于子区域交界面上拉格朗日乘子的方程，即

$$\begin{cases}\boldsymbol{\Lambda}_m+\boldsymbol{\Lambda}_n=2\alpha\boldsymbol{\pi}_{\mathrm{t}}(\boldsymbol{E}_n)\\\boldsymbol{\Lambda}_n+\boldsymbol{\Lambda}_m=2\alpha\boldsymbol{\pi}_{\mathrm{t}}(\boldsymbol{E}_m)\end{cases}\tag{6.4}$$

另外一种实施一阶 Robin 传输条件的途径是通过引入辅助变量将该条件直接应用于子区域之间的交界面上，通过它来传递信息建立最终的方程，即

$$\begin{cases}\alpha\boldsymbol{\pi}_{\mathrm{t}}(\boldsymbol{E}_m)-\mathrm{j}k_0\boldsymbol{\pi}_{\times}(\overline{\boldsymbol{H}}_m)=\alpha\boldsymbol{\pi}_{\mathrm{t}}(\boldsymbol{E}_n)+\mathrm{j}k_0\boldsymbol{\pi}_{\times}(\overline{\boldsymbol{H}}_n)\quad\text{在 }\Gamma_{m,n}\text{面上}\\\alpha\boldsymbol{\pi}_{\mathrm{t}}(\boldsymbol{E}_n)-\mathrm{j}k_0\boldsymbol{\pi}_{\times}(\overline{\boldsymbol{H}}_n)=\alpha\boldsymbol{\pi}_{\mathrm{t}}(\boldsymbol{E}_m)+\mathrm{j}k_0\boldsymbol{\pi}_{\times}(\overline{\boldsymbol{H}}_m)\quad\text{在 }\Gamma_{n,m}\text{面上}\end{cases}\tag{6.5}$$

文献[1]表明基于 LM－RTC 而获得的 FETI－DP 区域分解有限元方法的最终矩阵方程的收敛性与基于 CE－RTC 的方法的收敛性是相似的。然而，对于合元极方法来说，其效果如何还是未知数。

6.2.3　内部与外部边界区域联结方法

下面考虑如何联结内部有限元子区域和外部边界积分区域。尽管对于单纯区域分解有限元方法来说，RTC 优于 DTC 是一个经过仔细研究而获得的不争事实，然而对于内部有限元区域和外部边界积分区域的联结，现在还不能得出 RTC 优于 DTC 的结论。原因很简单，对于内部有限元子区域，方程形式是统一的，而对于内外区域，需要采用不同的方程，一个是微分方程，另一个是边界积分方程。因此，在本节构建 FETI－DP 型区域分解合元极方法中将会对其进行比较。

如果采用 DTC 联结内部有限元子区域与外部边界积分区域，则方程如下

$$\begin{cases} \boldsymbol{\pi}_{\mathrm{t}}(\boldsymbol{E}_m) = \boldsymbol{\pi}_{\mathrm{t}}(\boldsymbol{E}_S) \\ \boldsymbol{\pi}_{\times}(\overline{\boldsymbol{H}}_m) = -\boldsymbol{\pi}_{\times}(\overline{\boldsymbol{H}}_S) \end{cases} \tag{6.6}$$

如果采用 RTC，则方程如下

$$\begin{cases} \alpha\boldsymbol{\pi}_{\mathrm{t}}(\boldsymbol{E}_m) - \mathrm{j}k_0\boldsymbol{\pi}_{\times}(\overline{\boldsymbol{H}}_m) = \alpha\boldsymbol{\pi}_{\mathrm{t}}(\boldsymbol{E}_S) + \mathrm{j}k_0\boldsymbol{\pi}_{\times}(\overline{\boldsymbol{H}}_S) & 在\ \Gamma_{m,S}面上 \\ \alpha\boldsymbol{\pi}_{\mathrm{t}}(\boldsymbol{E}_S) - \mathrm{j}k_0\boldsymbol{\pi}_{\times}(\overline{\boldsymbol{H}}_S) = \alpha\boldsymbol{\pi}_{\mathrm{t}}(\boldsymbol{E}_m) + \mathrm{j}k_0\boldsymbol{\pi}_{\times}(\overline{\boldsymbol{H}}_m) & 在\ \Gamma_{S,m}面上 \end{cases} \tag{6.7}$$

式（6.7）还可通过引入拉格朗日乘子实现，即

$$\begin{cases} \alpha\boldsymbol{\pi}_{\mathrm{t}}(\boldsymbol{E}_m) - \mathrm{j}k_0\boldsymbol{\pi}_{\times}(\overline{\boldsymbol{H}}_m) = \boldsymbol{\Lambda}_m & 在\ \Gamma_{m,S}面上 \\ \alpha\boldsymbol{\pi}_{\mathrm{t}}(\boldsymbol{E}_S) - \mathrm{j}k_0\boldsymbol{\pi}_{\times}(\overline{\boldsymbol{H}}_S) = \boldsymbol{\Lambda}_S & 在\ \Gamma_{S,m}面上 \end{cases} \tag{6.8}$$

值得注意的是，在 $\boldsymbol{\pi}_{\mathrm{t}}(\boldsymbol{E}_S)$ 和 $\boldsymbol{\pi}_{\times}(\overline{\boldsymbol{H}}_S)$ 中，单位矢量 $\hat{\boldsymbol{n}}_S$ 的方向是从外部边界指向内部有限元区域，与方程式（6.2）中的 $\hat{\boldsymbol{n}}$ 正好相反。然后，建立如下关于拉格朗日乘子的方程

$$\begin{cases} \boldsymbol{\Lambda}_m + \boldsymbol{\Lambda}_S = 2\alpha\boldsymbol{\pi}_{\mathrm{t}}(\boldsymbol{E}_S) \\ \boldsymbol{\Lambda}_S + \boldsymbol{\Lambda}_m = 2\alpha\boldsymbol{\pi}_{\mathrm{t}}(\boldsymbol{E}_m) \end{cases} \tag{6.9}$$

6.3 非共形拐角边全局变量处理技术

FETI－DP 方法一个最主要的特点是在子区域接触的拐角边上（3 个或 3 个以上子区域公共交接处）设立全局变量 E_c，并基于全局变量构造一个全局预处理矩阵用以传播迭代残差，从而加快最终交界面方程的迭代收敛速度。因此，确定全局变量是 FETI－DP 方法非常关键的一步。图 6.1（a）展示了一个被四个子区域共享的拐角边 l_c，对于共形网格，由于在拐角边处不同子区域的网格相同，如图 6.1（b）所示，因此很容易确定一组公共的变量。然而，对于非共形网格，拐角边处不同子区域的网格不同，如图 6.1（c）所示，导致很难直接确定一组公共的变量。

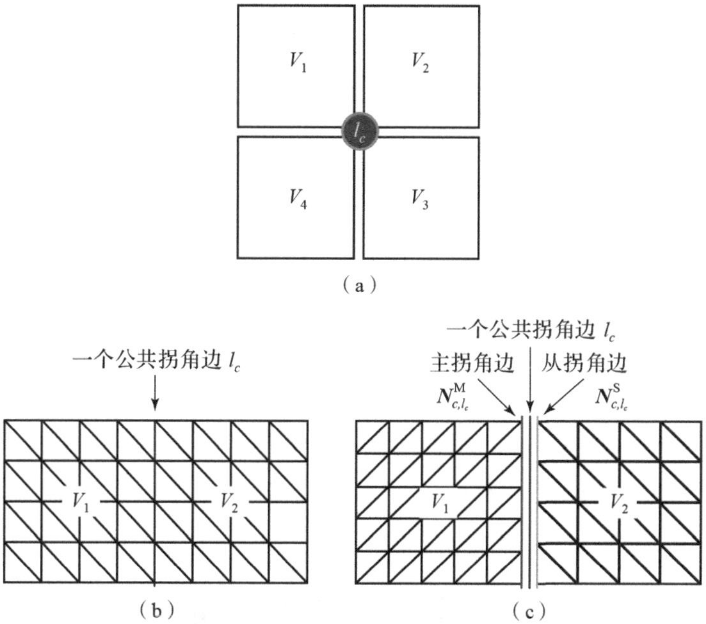

图 6.1　拐角边处共形和非共形网格

(a) 被四个子区域共享的拐角边；

(b) 拐角边处共形网格；(c) 拐角边处非共形网格

为了解决非共形网格情况下全局变量设置的问题，参考文献[1]首先将共享拐角边的所有子区域局部拐角边分为两类：主要局部拐角边和从属局部拐角边。主要局部拐角边只有一个，上面具有最多的未知数，其余的全部为从属局部拐角边，如图 6.1（c）所示。将所有来自主要局部拐角边的未知数表示为全局变量 E_c。然后，在拐角边 l_c 上强加如下的狄利克雷连续性条件

$$\boldsymbol{E}_t^{\mathrm{M}} = \boldsymbol{E}_t^{\mathrm{S}} \tag{6.10}$$

在式（6.10）中，下标 t 为沿拐角边 l_c 的切向电场分量。使用矢量旋度共形基函数 $\boldsymbol{N}_{c,l_c}^{\mathrm{M}}$ 和 $\boldsymbol{N}_{c,l_c}^{\mathrm{S}}$ 分别将 $\boldsymbol{E}_t^{\mathrm{M}}$ 和 $\boldsymbol{E}_t^{\mathrm{S}}$ 展开，其未知系数分别为 $\{E_{c,l_c}^{\mathrm{M}}\}$ 和 $\{E_{c,l_c}^{\mathrm{S}}\}$，并使用 $\boldsymbol{N}_{c,l_c}^{\mathrm{S}}$ 对式（6.10）进行伽略金测试得到

$$[\boldsymbol{D}_{c,l_c}^{\mathrm{SS}}]\{E_{c,l_c}^{\mathrm{S}}\} = [\boldsymbol{H}_{c,l_c}^{\mathrm{SM}}]\{E_{c,l_c}^{\mathrm{M}}\} \tag{6.11}$$

其中

$$[\boldsymbol{D}_{c,l_c}^{\mathrm{SS}}] = \int_{l_c} \boldsymbol{N}_{c,l_c}^{\mathrm{S}} \cdot (\boldsymbol{N}_{c,l_c}^{\mathrm{S}})^{\mathrm{T}} \mathrm{d}l \tag{6.12}$$

$$[\boldsymbol{H}_{c,l_c}^{\mathrm{SM}}] = \int_{l_c} \boldsymbol{N}_{c,l_c}^{\mathrm{S}} \cdot (\boldsymbol{N}_{c,l_c}^{\mathrm{M}})^{\mathrm{T}} \mathrm{d}l \tag{6.13}$$

从式（6.11）可以看出，从属未知系数$\{E_{c,l_c}^{\mathrm{S}}\}$可以通过主要未知系数$\{E_{c,l_c}^{\mathrm{M}}\}$表示为

$$\{E_{c,l_c}^{\mathrm{S}}\} = [\boldsymbol{T}_{c,l_c}^{\mathrm{SM}}]\{E_{c,l_c}^{\mathrm{M}}\} \tag{6.14}$$

其中

$$[\boldsymbol{T}_{c,l_c}^{\mathrm{SM}}] = [\boldsymbol{D}_{c,l_c}^{\mathrm{SS}}]^{-1}[\boldsymbol{H}_{c,l_c}^{\mathrm{SM}}] \tag{6.15}$$

同理，任意从属局部拐角边上的未知系数都可以通过主要局部拐角边上的全局未知系数表示，这样一来，任意一个子区域上的局部拐角变量都可以通过全局变量表示。

6.4 系统矩阵方程推导

通过4.2节的分析可以看出，对于内部有限元子区域之间的联结，RTC方式无疑是最好的，而对于内部有限元区域和外部边界积分区域的联结，DTC的联结效果好还是RTC的联结效果好，仍待考虑。另外，对于RTC的实现，拉格朗日乘子和辅助变量对于区域分解合元极方法的效果也仍待考察。因此，为了对FETI－DP型区域分解合元极方法进行系统的研究，提出4种不同的实现方式：①采用DTC联结内外区域并使用辅助变量实现RTC的方法，即采用式（6.5）和式（6.6），将该方法命名为基于CE－DTC的非共形FETI－DP型区域分解合元极方法；②采用RTC联结内外区域并使用辅助变量实现RTC的方法，即采用式（6.5）和式（6.7），将该方法命名为基于CE－RTC的非共形FETI－DP型区域分解合元极方法；③采用DTC联结内外区域并使用拉格朗日乘子实现RTC的方法，即采用式（6.4）和式（6.6），将该方法命名为基于LM－DTC的非共形FETI－DP型区域分解合元极方法；④采用RTC联结内外区域并使用拉格朗日乘子实

现 RTC 的方法，即采用式（6.4）和式（6.9），将该方法命名为基于 LM－RTC 的非共形 FETI－DP 型区域分解合元极方法。下面以基于 CE－DTC 的非共形 FETI－DP 型区域分解合元极方法为例来详细介绍该类方法的推导过程。

在该方法中，对于任意一个内部子区域 V_m，首先将式（6.6）中的第二个等式代入式（6.1），然后采用有限元方法将式（6.1）的变分方程和式（6.5）进行数值离散，得到

$$\begin{bmatrix} \boldsymbol{K}_m & \boldsymbol{B}'_{m,bb} \\ \boldsymbol{B}_{m,bb} & \boldsymbol{C}_{m,bb} \end{bmatrix} \begin{Bmatrix} E_m \\ \overline{H}_{m,b} \end{Bmatrix} = \begin{Bmatrix} -\boldsymbol{B}_{m,sS}\overline{H}_S \\ g_{m,b} \end{Bmatrix} \tag{6.16}$$

在式（6.16）中，下标 b 为内部子区域与其相邻内部子区域的所有交界面上的变量；s 为内部子区域与外部边界区域的交界面上的变量。该方程中的子矩阵的计算方式如下

$$[\boldsymbol{K}_m] = \iiint_{V_m} [(\mu_{\mathrm{r},m}^{-1}(\nabla \times \boldsymbol{N}_m) \cdot (\nabla \times \boldsymbol{N}_m)^{\mathrm{T}} - k_0^2 \varepsilon_{\mathrm{r},m} \boldsymbol{N}_m \cdot \boldsymbol{N}_m^{\mathrm{T}})]\,\mathrm{d}V \tag{6.17}$$

$$[\boldsymbol{B}'_{m,bb}] = -\mathrm{j}k_0 \iint_{\Gamma_{m,b}} \boldsymbol{N}_{m,b} \cdot \boldsymbol{N}_{m,b}^{\mathrm{T}} \mathrm{d}S \tag{6.18}$$

$$[\boldsymbol{B}_{m,bb}] = \alpha \iint_{\Gamma_{m,b}} \boldsymbol{N}_{m,b} \cdot \boldsymbol{N}_{m,b}^{\mathrm{T}} \mathrm{d}S \tag{6.19}$$

$$[\boldsymbol{C}_{m,bb}] = -\mathrm{j}k_0 \iint_{\Gamma_{m,b}} \boldsymbol{N}_{m,b} \cdot \boldsymbol{N}_{m,b}^{\mathrm{T}} \mathrm{d}S \tag{6.20}$$

$$[\boldsymbol{B}_{m,sS}] = \mathrm{j}k_0 \iint_{\Gamma_{m,s}} \boldsymbol{N}_{m,s} \cdot (\hat{\boldsymbol{n}} \times \boldsymbol{N}_S)^{\mathrm{T}} \mathrm{d}S \tag{6.21}$$

$$\{g_{m,b}\} = \sum_{n \in \{m\text{的相邻子区域}\}} [\boldsymbol{U}_{m,n} \quad \boldsymbol{V}_{m,n}]\{u_{n,b}\} \tag{6.22}$$

其中

$$\{u_{n,b}\} = \begin{Bmatrix} E_{n,b} \\ \overline{H}_{n,b} \end{Bmatrix}$$

$$[\boldsymbol{U}_{m,n}] = \alpha \iint_{\Gamma_{i,j}} \boldsymbol{N}_{m,b} \cdot \boldsymbol{N}_{n,b}^{\mathrm{T}} \mathrm{d}S \tag{6.23}$$

$$[\boldsymbol{V}_{m,n}] = \mathrm{j}k_0 \iint_{\Gamma_{i,j}} \boldsymbol{N}_{m,b} \cdot \boldsymbol{N}_{n,b}^{\mathrm{T}} \, \mathrm{d}S$$

此外，$\boldsymbol{N}_m$ 为定义在子区域 V_m 内四面体单元上的一阶三维旋度共形边缘元基函数；$\boldsymbol{N}_{m,b}$和 $\boldsymbol{N}_{m,s}$为定义在子区域 V_m 外边界面三角形单元上的一阶二维旋度共形边缘元基函数；$\boldsymbol{N}_S$ 为定义在外表面 S 三角形单元上的一阶二维旋度共形边缘元基函数。对于子区域交界面是非共形网格的情况，式（6.21）和式（6.23）中的耦合矩阵的计算要非常注意，本章采用 5.3 节中提出的基于黏合细网格的方法进行计算。在式（6.22）中，$g_{m,b}$为子区域 V_m 所有相邻内部子区域对它的贡献。

根据 FETI – DP 方法，每个内部有限元子区域 V_m 中的变量进一步分为三类：内部变量$\{E_{m,i}\}$、交界面变量$\{E_{m,b}\}$和拐角边变量$\{E_{m,c}\}$。因此，式（6.16）可改写为

$$\begin{bmatrix} \boldsymbol{K}_{m,ii} & \boldsymbol{K}_{m,ib} & \boldsymbol{K}_{m,ic} & 0 \\ \boldsymbol{K}_{m,bi} & \boldsymbol{K}_{m,bb} & \boldsymbol{K}_{m,bc} & \boldsymbol{B}'_{m,bb} \\ \boldsymbol{K}_{m,ci} & \boldsymbol{K}_{m,cb} & \boldsymbol{K}_{m,cc} & 0 \\ 0 & \boldsymbol{B}_{m,bb} & 0 & \boldsymbol{C}_{m,bb} \end{bmatrix} \begin{Bmatrix} E_{m,i} \\ E_{m,b} \\ E_{m,c} \\ \overline{H}_{m,b} \end{Bmatrix} = \begin{Bmatrix} f_{m,i} - \boldsymbol{B}_{m,iS}\overline{H}_S \\ f_{m,b} \\ f_{m,c} - \boldsymbol{B}_{m,cS}\overline{H}_S \\ g_{m,b} \end{Bmatrix} \tag{6.24}$$

这里，$\boldsymbol{B}_{m,sS}$分解为 $\boldsymbol{B}_{m,iS}$ 和 $\boldsymbol{B}_{m,cS}$。随后，对变量进行重新排序，可以得到

$$\begin{bmatrix} \boldsymbol{K}_{m,ii} & \boldsymbol{K}_{m,ib} & 0 & \boldsymbol{K}_{m,ic} \\ \boldsymbol{K}_{m,bi} & \boldsymbol{K}_{m,bb} & \boldsymbol{B}'_{m,bb} & \boldsymbol{K}_{m,bc} \\ 0 & \boldsymbol{B}_{m,bb} & \boldsymbol{C}_{m,bb} & 0 \\ \boldsymbol{K}_{m,ci} & \boldsymbol{K}_{m,cb} & 0 & \boldsymbol{K}_{m,cc} \end{bmatrix} \begin{Bmatrix} E_{m,i} \\ E_{m,b} \\ \overline{H}_{m,b} \\ E_{m,c} \end{Bmatrix} = \begin{Bmatrix} f_{m,i} - \boldsymbol{B}_{m,iS}\overline{H}_S \\ f_{m,b} \\ g_{m,b} \\ f_{m,c} - \boldsymbol{B}_{m,cS}\overline{H}_S \end{Bmatrix} \tag{6.25}$$

为了下面叙述方便，将上式写成更紧凑的形式，如下

$$\begin{bmatrix} \boldsymbol{K}_{m,rr} & \boldsymbol{K}_{m,rc} \\ \boldsymbol{K}_{m,cr} & \boldsymbol{K}_{m,cc} \end{bmatrix} \begin{Bmatrix} u_{m,r} \\ E_{m,c} \end{Bmatrix} = \begin{Bmatrix} f_{m,r} + (\boldsymbol{R}_{m,br})^{\mathrm{T}} g_{m,b} - (\boldsymbol{R}_{m,ir})^{\mathrm{T}} \boldsymbol{B}_{m,iS}\overline{H}_S \\ f_{m,c} - \boldsymbol{B}_{m,cS}\overline{H}_S \end{Bmatrix} \tag{6.26}$$

其中

$$[\boldsymbol{K}_{m,rr}]=\begin{bmatrix}\boldsymbol{K}_{m,ii} & \boldsymbol{K}_{m,ib} & 0\\ \boldsymbol{K}_{m,bi} & \boldsymbol{K}_{m,bb} & \boldsymbol{B}'_{m,bb}\\ 0 & \boldsymbol{B}_{m,bb} & \boldsymbol{C}_{m,bb}\end{bmatrix},\ [\boldsymbol{K}_{m,rc}]=\begin{bmatrix}\boldsymbol{K}_{m,ic}\\ \boldsymbol{K}_{m,bc}\\ 0\end{bmatrix}$$

$$[\boldsymbol{K}_{m,cr}]=[\boldsymbol{K}_{m,ci}\quad \boldsymbol{K}_{m,cb}\quad 0],\ \{u_{m,r}\}=\begin{Bmatrix}E_{m,i}\\ E_{m,b}\\ \overline{H}_{m,b}\end{Bmatrix},\{f_{m,r}\}=\begin{Bmatrix}f_{m,i}\\ f_{m,b}\\ 0\end{Bmatrix}$$

在式（6.26）中，$\boldsymbol{R}_{m,ir}$和$\boldsymbol{R}_{m,br}$是布尔矩阵，它们满足下面的条件

$$\{E_{m,i}\}=[\boldsymbol{R}_{m,ir}]\{u_{m,r}\}$$

$$\{E_{m,b}\}=[\boldsymbol{R}_{m,br}\quad 0]\{u_{m,r}\}$$

$$\{\overline{H}_{m,b}\}=[0\quad \boldsymbol{R}_{m,br}]\{u_{m,r}\}$$

通过式（6.26）中的第一行方程，可以得到

$$\{u_{m,r}\}=[\boldsymbol{K}_{m,rr}]^{-1}(\{f_{m,r}\}+[\boldsymbol{R}_{m,br}]^{\mathrm{T}}\{g_{m,b}\}-[\boldsymbol{R}_{m,ir}]^{\mathrm{T}}[\boldsymbol{B}_{m,iS}]\{\overline{H}_S\}-[\boldsymbol{K}_{m,rc}]\{E_{m,c}\})\tag{6.27}$$

然后，将式（6.27）代入式（6.26）中的第二行方程，删除变量$\{u_{m,r}\}$，可获得一个只与$\{E_{m,c}\}$、$\{g_{m,b}\}$和$\{\overline{H}_S\}$相关的方程，即

$$\begin{aligned}&([\boldsymbol{K}_{m,cc}]-[\boldsymbol{K}_{m,cr}][\boldsymbol{K}_{m,rr}]^{-1}[\boldsymbol{K}_{m,rc}])\{E_{m,c}\}=\\&\{f_{m,c}\}-[\boldsymbol{B}_{m,cS}]\{\overline{H}_S\}-[\boldsymbol{K}_{m,cr}][\boldsymbol{K}_{m,rr}]^{-1}\times\\&(\{f_{m,r}\}+[\boldsymbol{R}_{m,br}]^{\mathrm{T}}\{g_{m,b}\}-[\boldsymbol{R}_{m,ir}]^{\mathrm{T}}[\boldsymbol{B}_{m,iS}]\{\overline{H}_S\})\end{aligned}\tag{6.28}$$

借助上一节中子区域局部拐角变量和全局拐角变量的关系式（6.14），将所有内部子区域的式（6.28）组装在一起并将式（6.22）代入，获得第一个关于全局拐角变量系数$\{E_c\}$、内部子区域交界面变量系数$\{u_b\}$和外边界面上变量系数$\{\overline{H}_S\}$的方程

$$[\tilde{\boldsymbol{K}}_{cc}]\{E_c\}=\{\tilde{f}_c\}+[\tilde{\boldsymbol{K}}_{cb}]\{u_b\}+[\tilde{\boldsymbol{K}}_{cS}]\{\overline{H}_S\}\tag{6.29}$$

其中各个矩阵的具体表达式如下

$$[\tilde{\boldsymbol{K}}_{cc}] = \sum_{m=1}^{N_s} [\boldsymbol{T}_{c,m}^{\mathrm{SM}}]^{\mathrm{T}}([\boldsymbol{K}_{m,cc}] - [\boldsymbol{K}_{m,cr}][\boldsymbol{K}_{m,rr}]^{-1}[\boldsymbol{K}_{m,rc}])[\boldsymbol{T}_{c,m}^{\mathrm{SM}}] \tag{6.30}$$

$$\begin{aligned}[\tilde{\boldsymbol{K}}_{cb}] = -\sum_{m=1}^{N_s} (\boldsymbol{T}_{c,m}^{\mathrm{SM}})^{\mathrm{T}} \Bigg(&[\boldsymbol{K}_{m,cr}][\boldsymbol{K}_{m,rr}]^{-1} \times \\ &[\boldsymbol{R}_{m,br}]^{\mathrm{T}} \sum_{n \in \{m\text{的相邻子区域}\}} ([\boldsymbol{U}_{m,n}\boldsymbol{V}_{m,n}][\boldsymbol{R}_{n,b}]) \Bigg)\end{aligned} \tag{6.31}$$

$$[\tilde{\boldsymbol{K}}_{cS}] = \sum_{m=1}^{N_s} [\boldsymbol{T}_{c,m}^{\mathrm{SM}}]^{\mathrm{T}}([\boldsymbol{K}_{m,cr}][\boldsymbol{K}_{m,rr}]^{-1}[\boldsymbol{R}_{m,ir}]^{\mathrm{T}}[\boldsymbol{B}_{m,iS}] - [\boldsymbol{B}_{m,cS}]) \tag{6.32}$$

$$\{\tilde{f}_c\} = \sum_{m=1}^{N_s} (\boldsymbol{T}_{c,m}^{\mathrm{SM}})^{\mathrm{T}}(\{f_{m,c}\} - [\boldsymbol{K}_{m,cr}][\boldsymbol{K}_{m,rr}]^{-1}\{f_{m,r}\}) \tag{6.33}$$

在式（6.30）~（6.33）中，$\boldsymbol{T}_{c,m}^{\mathrm{SM}}$ 包括了子区域 V_m 中所有拐角边的 $\boldsymbol{T}_{c,l_c}^{\mathrm{SM}}$；$\{u_b\}$ 表示所有子区域的 $\{u_{m,r}\}$ 的总和；$\boldsymbol{R}_{n,b}$ 为一个布尔矩阵，用来从 $\{u_b\}$ 提取 $\{u_{n,b}\}$。

接着，通过式（6.27）可以得到子区域 V_m 中交界面上的变量系数 $\{u_{m,b}\}$ 的表达式

$$\begin{aligned}\{u_{m,b}\} &= [\boldsymbol{R}_{m,br}]\{u_{m,r}\} \\ &= [\boldsymbol{R}_{m,br}][\boldsymbol{K}_{m,rr}]^{-1}[\{f_{m,r}\} + [\boldsymbol{R}_{m,br}]^{\mathrm{T}}\{g_{m,b}\} \\ &\quad - [\boldsymbol{R}_{m,ir}]^{\mathrm{T}}[\boldsymbol{B}_{m,iS}]\{\overline{H}_S\} - [\boldsymbol{K}_{m,rc}]\{E_{m,c}\}]\end{aligned} \tag{6.34}$$

进而将来自所有内部子区域的式（6.34）组合在一起得到

$$\begin{aligned}\{u_b\} &= \sum_{m=1}^{N_s} [\boldsymbol{R}_{m,b}]^{\mathrm{T}}\{u_{m,b}\} = \sum_{m=1}^{N_s} [\boldsymbol{R}_{m,b}]^{\mathrm{T}}[\boldsymbol{R}_{m,br}]\{u_{m,r}\} \\ &= \sum_{m=1}^{N_s} [\boldsymbol{R}_{m,b}]^{\mathrm{T}}[\boldsymbol{R}_{m,br}][\boldsymbol{K}_{m,rr}]^{-1}[\{f_{m,r}\} + [\boldsymbol{R}_{m,br}]^{\mathrm{T}}\{g_{m,b}\} \\ &\quad - [\boldsymbol{R}_{m,ir}]^{\mathrm{T}}[\boldsymbol{B}_{m,iS}]\{\overline{H}_S\} - [\boldsymbol{K}_{m,rc}]\{E_{m,c}\}]\end{aligned} \tag{6.35}$$

通过代入式（6.22）并将相似部分进行整合，式（6.35）可改写成下面第二个关于全局拐角变量系数 $\{E_c\}$、内部子区域交界面变量系数

$\{u_b\}$和外边界面上变量系数$\{\overline{H}_S\}$的方程，即

$$[\tilde{\boldsymbol{K}}_{bb}]\{u_b\}+[\tilde{\boldsymbol{K}}_{bS}]\{\overline{H}_S\}+[\tilde{\boldsymbol{K}}_{bc}]\{E_c\}=\{\tilde{f}_b\} \tag{6.36}$$

其中各个矩阵的具体表达形式如下

$$\begin{aligned}[\tilde{\boldsymbol{K}}_{bb}]=[\boldsymbol{I}]-\sum_{m=1}^{N_s}(&[\boldsymbol{R}_{m,b}]^{\mathrm{T}}[\boldsymbol{R}_{m,br}][\boldsymbol{K}_{m,rr}]^{-1}[\boldsymbol{R}_{m,br}]^{\mathrm{T}}\times\\&\sum_{n\in\{m\text{的相邻子区域}\}}([\boldsymbol{U}_{m,n}\boldsymbol{V}_{m,n}][\boldsymbol{R}_{n,b}]))\end{aligned} \tag{6.37}$$

$$[\tilde{\boldsymbol{K}}_{bS}]=\sum_{m=1}^{N_s}[\boldsymbol{R}_{m,b}]^{\mathrm{T}}[\boldsymbol{R}_{m,br}][\boldsymbol{K}_{m,rr}]^{-1}[\boldsymbol{R}_{m,ir}]^{\mathrm{T}}[\boldsymbol{B}_{m,iS}] \tag{6.38}$$

$$[\tilde{\boldsymbol{K}}_{bc}]=\sum_{m=1}^{N_s}[\boldsymbol{R}_{m,b}]^{\mathrm{T}}[\boldsymbol{R}_{m,br}][\boldsymbol{K}_{m,rr}]^{-1}[\boldsymbol{K}_{m,rc}][\boldsymbol{T}_{c,m}^{\mathrm{SM}}] \tag{6.39}$$

$$\{\tilde{f}_b\}=\sum_{m=1}^{N_s}[\boldsymbol{R}_{m,b}]^{\mathrm{T}}[\boldsymbol{R}_{m,rb}][\boldsymbol{K}_{m,rr}]^{-1}\{f_{m,r}\} \tag{6.40}$$

最后，从外边界面积分方程式（6.2）和式（6.6）出发获得第三个关于全局拐角变量系数$\{E_c\}$、内部子区域交界面变量系数$\{u_b\}$和外边界面上变量系数$\{\overline{H}_S\}$的方程，具体过程如下。

将外边界面上的电磁场使用一阶二维旋度共形边缘元基函数 $\boldsymbol{N}_S$ 展开，然后通过矩量法采用 $\hat{\boldsymbol{n}}\times\boldsymbol{N}_S$ 作为测试函数对方程式（6.2）进行离散获得

$$[\boldsymbol{P}_S]\{E_S\}+[\boldsymbol{Q}_S]\{\overline{H}_S\}=\{f_S\} \tag{6.41}$$

这里$[\boldsymbol{P}_S]$和$[\boldsymbol{Q}_S]$的计算方法参考第 5 章中的式（5.15）和式（5.16）。

由于考虑到非共形的情况，为了获得内部电场与外部电场的关系，采用离散式（6.6）所示的狄利克雷边界条件来获得。首先将外边界处内部 FEM 和外部 BI 两侧的电场使用基函数展开，即

$$\begin{cases}\boldsymbol{E}_F=\sum\limits_{i=1}^{M_F}E_i\boldsymbol{N}_i,\\\boldsymbol{E}_S=\sum\limits_{i=1}^{M_s}E_i\boldsymbol{N}_i\end{cases} \tag{6.42}$$

这里，M_F 是内部 FEM 在外边界上的未知数个数，M_S 是外部 BI 在外边界上的未知数个数。将式（6.42）代入式（6.6）并使用 $\boldsymbol{N}_S$ 进行测试，可获得

$$[\boldsymbol{M}_{SS}]\{E_S\}=[\boldsymbol{N}_{SF}]\{E_F\} \tag{6.43}$$

其中

$$[\boldsymbol{M}_{SS}]=\iint_S(\hat{\boldsymbol{n}}_S\times\boldsymbol{N}_S)\cdot(\hat{\boldsymbol{n}}_S\times\boldsymbol{N}_S)^{\mathrm{T}}\mathrm{d}S \tag{6.44}$$

$$[\boldsymbol{N}_{SF}]=\iint_S(\hat{\boldsymbol{n}}_S\times\boldsymbol{N}_S)\cdot(\hat{\boldsymbol{n}}_S\times\boldsymbol{N}_F)^{\mathrm{T}}\mathrm{d}S \tag{6.45}$$

这样，通过式（6.43）可以得到

$$\{E_S\}=[\boldsymbol{T}^{SF}]\{E_F\} \tag{6.46}$$

其中$[\boldsymbol{T}^{SF}]$的具体表达式如下

$$[\boldsymbol{T}^{SF}]=[\boldsymbol{M}_{SS}]^{-1}[\boldsymbol{N}_{SF}] \tag{6.47}$$

接着，将式（6.47）代入式（6.41）消去$\{E_S\}$可得到

$$[\boldsymbol{P}_S][\boldsymbol{T}^{SF}]\{E_F\}+[\boldsymbol{Q}_S]\{\overline{H}_S\}=\{f_S\} \tag{6.48}$$

根据式（6.27），我们得到

$$\begin{aligned}\{E_F\}&=\sum_{m=1}^{N_s}E_{m,s}=\sum_{m=1}^{N_s}([\boldsymbol{R}_{m,sr}]\{u_{m,r}\}+\{E_{m,c}\})=\\&\sum_{m=1}^{N_s}([\boldsymbol{R}_{m,sr}][\boldsymbol{K}_{m,rr}]^{-1}[\{f_{m,r}\}+[\boldsymbol{R}_{m,br}]^{\mathrm{T}}\{g_{m,b}\}-\\&[\boldsymbol{R}_{m,ir}]^{\mathrm{T}}[\boldsymbol{B}_{m,iS}]\{\overline{H}_S\}-[\boldsymbol{K}_{m,rc}]\{E_{m,c}\}]+\{E_{m,c}\})\end{aligned} \tag{6.49}$$

这样，将式（6.49）和式（6.22）代入式（6.48）便获得了第三个关于全局拐角变量系数$\{E_c\}$、内部子区域交界面变量系数$\{u_b\}$和外边界面上变量系数$\{\overline{H}_S\}$的方程，即

$$[\tilde{\boldsymbol{K}}_{Sb}]\{u_b\}+[\tilde{\boldsymbol{K}}_{SS}]\{\overline{H}_S\}+[\tilde{\boldsymbol{K}}_{Sc}]\{E_c\}=\{\tilde{f}_S\} \tag{6.50}$$

其中

$$[\tilde{\boldsymbol{K}}_{Sb}]=[\boldsymbol{P}_S][\boldsymbol{T}^{SF}]\sum_{m\in\{S\text{的相邻子区域}\}}([\boldsymbol{R}_{m,sr}][\boldsymbol{K}_{m,rr}]^{-1}[\boldsymbol{R}_{m,rb}]^{\mathrm{T}}\times$$

$$\sum_{n\in\{m\text{的相邻子区域}\}}([\boldsymbol{U}_{m,n}\boldsymbol{V}_{m,n}][\boldsymbol{R}_{n,b}]))\tag{6.51}$$

$$[\tilde{\boldsymbol{K}}_{SS}]=[\boldsymbol{Q}_S]-[\boldsymbol{P}_S][\boldsymbol{T}^{SF}]\sum_{m\in\{S\text{的相邻子区域}\}}([\boldsymbol{R}_{m,sr}][\boldsymbol{K}_{m,rr}]^{-1}[\boldsymbol{R}_{m,ir}]^{\mathrm{T}}[\boldsymbol{B}_{m,iS}])\tag{6.52}$$

$$[\tilde{\boldsymbol{K}}_{Sc}]=[\boldsymbol{P}_S][\boldsymbol{T}^{SF}]\sum_{m\in\{S\text{的相邻子区域}\}}(-[\boldsymbol{R}_{m,sr}][\boldsymbol{K}_{m,rr}]^{-1}[\boldsymbol{K}_{m,rc}]+\boldsymbol{I})[\boldsymbol{T}^{\mathrm{SM}}_{c,m}]\tag{6.53}$$

$$\{\tilde{f}_S\}=[\boldsymbol{P}_S][\boldsymbol{T}^{SF}]\sum_{m\in\{S\text{的相邻子区域}\}}[\boldsymbol{R}_{m,sr}]^{\mathrm{T}}[\boldsymbol{K}_{m,rr}]^{-1}\{f_{m,r}\}+\{f_S\}\tag{6.54}$$

经过上述复杂的推导过程，最终获得三个关于$\{E_c\}$，$\{u_b\}$和$\{\overline{H}_S\}$不同的方程式（6.29），（6.36）和（6.50），它们组成的方程组如下

$$\begin{bmatrix}\tilde{\boldsymbol{K}}_{bb} & \tilde{\boldsymbol{K}}_{bS} & \tilde{\boldsymbol{K}}_{bc}\\ \tilde{\boldsymbol{K}}_{Sb} & \tilde{\boldsymbol{K}}_{SS} & \tilde{\boldsymbol{K}}_{Sc}\\ -\tilde{\boldsymbol{K}}_{cb} & -\tilde{\boldsymbol{K}}_{cS} & \tilde{\boldsymbol{K}}_{cc}\end{bmatrix}\begin{Bmatrix}u_b\\ \overline{H}_S\\ E_c\end{Bmatrix}=\begin{Bmatrix}\tilde{f}_b\\ \tilde{f}_S\\ \tilde{f}_c\end{Bmatrix}\tag{6.55}$$

仔细思考可以发现，上式具有如下 3 个特点：①$\{E_c\}$的未知数个数与$\{u_b\}$相比较是非常少的；②$\tilde{\boldsymbol{K}}_{cc}$是一个稀疏矩阵，维度相对较少，因此求逆的资源消耗较少；③未知数$\{E_c\}$均匀地分布在整个计算区域当中。基于上面三点的考虑，可以将$\{E_c\}$消去，获得一个经过预处理后只关于$\{u_b\}$和$\{\overline{H}_S\}$的方程，即

$$\begin{bmatrix}\tilde{\boldsymbol{K}}_{bb}+\tilde{\boldsymbol{K}}_{bc}\tilde{\boldsymbol{K}}_{cc}^{-1}\tilde{\boldsymbol{K}}_{cb} & \tilde{\boldsymbol{K}}_{bS}+\tilde{\boldsymbol{K}}_{bc}\tilde{\boldsymbol{K}}_{cc}^{-1}\tilde{\boldsymbol{K}}_{cS}\\ \tilde{\boldsymbol{K}}_{Sb}+\tilde{\boldsymbol{K}}_{Sc}\tilde{\boldsymbol{K}}_{cc}^{-1}\tilde{\boldsymbol{K}}_{cb} & \tilde{\boldsymbol{K}}_{SS}+\tilde{\boldsymbol{K}}_{Sc}\tilde{\boldsymbol{K}}_{cc}^{-1}\tilde{\boldsymbol{K}}_{cS}\end{bmatrix}\begin{Bmatrix}u_b\\ \overline{H}_S\end{Bmatrix}=\begin{Bmatrix}\tilde{f}_b-\tilde{\boldsymbol{K}}_{bc}\tilde{\boldsymbol{K}}_{cc}^{-1}\tilde{f}_c\\ \tilde{f}_S-\tilde{\boldsymbol{K}}_{Sc}\tilde{\boldsymbol{K}}_{cc}^{-1}\tilde{f}_c\end{Bmatrix}\tag{6.56}$$

方程（6.56）便是最终需要求解的基于 CE－DTC 的非共形 FETI－DP 型区域分解合元极方法的系统方程，该方程可以采用迭代方法进行

有效的求解，并可以直接采用 MLFMA 加速 BI 部分涉及的稠密矩阵 $\boldsymbol{P}_S$ 和 $\boldsymbol{Q}_S$ 与矢量的相乘操作。

对于其他 3 种 FETI－DP 型区域分解合元极方法，CE－RTC、LM－DTC 和 LM－RTC，它们的系统方程推导过程与 CE－DTC 类似。对于 CE－RTC 的方法，任意一个内部子区域 V_m 与其他子区域的交界面上都采用一阶 Robin 传输条件，它内部的电磁场关系由式（6.1）、式（6.5）和式（6.7）表述，外边界积分面上的电磁场关系由式（6.2）和式（6.7）表述。对它们的离散过程与 CE－DTC 类似，任意内部子区域 V_m 的未知数为 $\{E_{m,i}\}$，$\{E_{m,b}\}$，$\{E_{m,c}\}$ 和 $\{\overline{H}_{m,b}\}$，外边界的未知数为 $\{E_S\}$ 和 $\{\overline{H}_S\}$，经过数学变换，可获得最终关于 $\{u_b\}$ 和 $\{u_S\}$ 的系统方程。$\{u_b\}$ 包含所有内部子区域的 $\{E_{m,b}\}$ 和 $\{\overline{H}_{m,b}\}$，$\{u_S\}$ 包括外部边界的 $\{E_S\}$ 和 $\{\overline{H}_S\}$。对于LM－DTC 方法，任意一个内部子区域 V_m 内的电磁场由式（6.1）、式（6.3）和式（6.6）表述，外部边界积分面上的电磁场关系由式（6.2）和式（6.6）表述。最终的系统方程关于 $\{\lambda\}$ 和 $\{\overline{H}_S\}$，其中 $\{\lambda\}$ 包含所有内部子区域交界面上的 $\{\lambda_m\}$。对于 LM－RTC 方法，任意一个内部子区域 V_m 内的电磁场由式（6.1）、式（6.3）和式（6.8）表述，外部边界积分面上的电磁场关系由式（6.2）和式（6.8）表述。最终的系统方程关于 $\{\lambda\}$，$\{\lambda_S\}$ 和 $\{\overline{H}_S\}$，其中 $\{\lambda\}$ 包含所有内部子区域交界面上的 $\{\lambda_m\}$。

6.5 数值算例

在一台具有 2 个 Intel X5650 2.66 GHz 的 CPU 和 96 GB 内存的工作站上进行了一系列的数值实验来详细研究上述 4 种非共形 FETI－DP 型区域分解合元极方法的数值性能。采用 GMRES 迭代求解器迭代求解各个方法最终的系统方程，其重启步数设置为 20。另外，如果没有具体说明，将迭代收敛的精度设置为 10^{-4}。

6.5.1 介质立方块散射

首先使用本章提出的 4 种非共形 FETI – DP 型区域分解合元极方法计算一个尺寸为 $1\lambda_0 \times 1\lambda_0 \times 1\lambda_0$ 的介质立方块在来自 $\theta = 0°$，$\varphi = 0°$ 方向的平面波照射下的散射问题。立方块的相对介电常数为 $\varepsilon_r = 6.0 - 0.6j$。整个内部有限元区域分解为 8 个子区域，内部子区域和外部边界区域单独使用尺寸为 $h = \lambda_0/40$ 的网格进行剖分，这样获得了一组非共形网格，如图 6.2 所示。最终获得的内部有限元和外部边界积分的未知数分别为 567 980 和 28 800。将上述方法所获得的双站 RCS 与矩量法的计算结果进行比较，如图 6.3 和图 6.4 所示。此外，图 6.5 展示了这 4 种区域分解方法的收敛曲线。

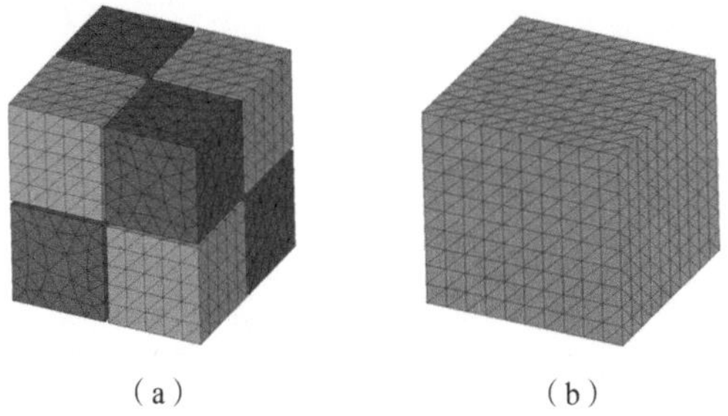

图 6.2　一个介质块目标非共形剖分示意图

(a) 内部子区域网格；(b) 外部边界面网格

图 6.3 和图 6.4 表明，4 种非共形 FETI – DP 型区域分解合元极方法计算所得的 RCS 与矩量法结果吻合非常好。更重要的是，可以从图 6.5发现下面的现象：①基于 CE 的区域分解合元极方法比基于 LM 的区域分解合元极方法的收敛速度要快，这与采用 ABC 截断的 FETI – DP 有限元方法的结论是不同的；②使用 DTC 联结内部有限元区域与外部边界积分区域比使用 RTC 联结的收敛性好。

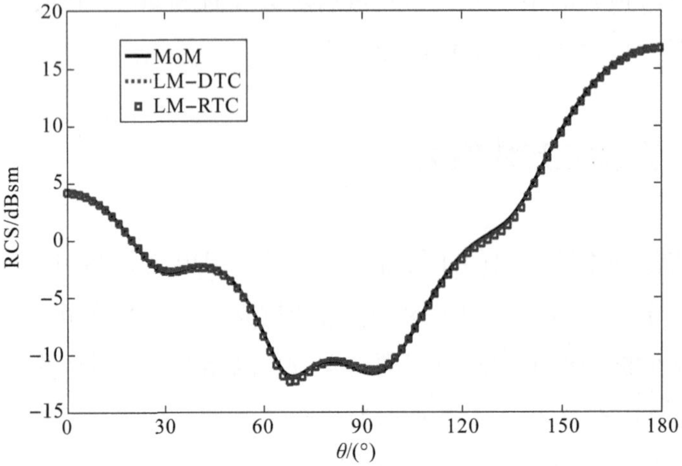

图 6.3　一个介质块在 xz 平面内经不同方法计算所得双站 RCS

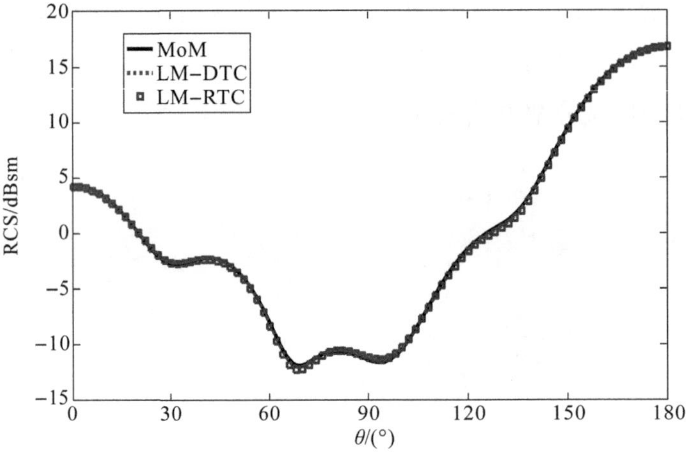

图 6.4　一个介质块在 xz 平面内经不同方法计算所得双站 RCS

下面尝试分析出现上述现象的原因。基于 LM 的 FETI - DP 型区域分解合元极方法采用拉格朗日乘子在子区域交界面上实施 RTC，而拉格朗日乘子是从数学的观点出发引入的，没有具体的物理意义，与电磁场没有直接的联系。然而，基于 CE 的 FETI - DP 型区域分解合元极方法是直接采用电磁场的形式来实施 RTC。在采用 ABC 截断的基于 LM 或 CE 的 FETI - DP 方法中，最终的迭代系统方程只与 LM 或电磁

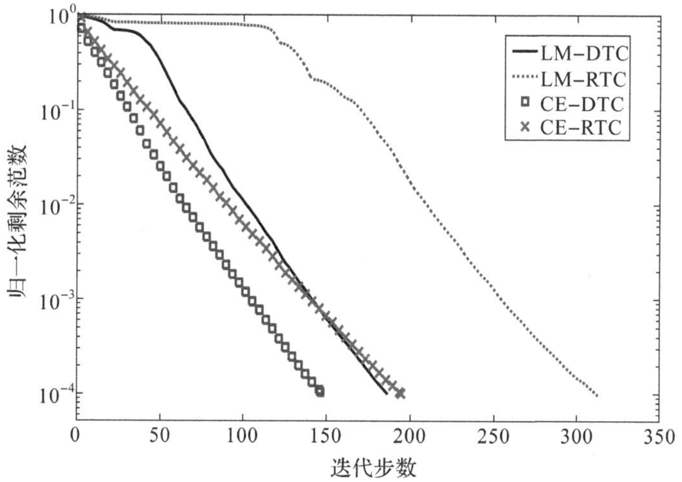

图 6.5　4 种 FETI - DP 型区域分解合元极方法计算一个介质块散射时的收敛曲线

场相关，并不存在像区域分解合元极方法中 LM 和电磁场混合的情况。因此，采用 ABC 截断的基于 LM 的 FETI - DP 方法的收敛性与基于 CE 方法的收敛性相似，这与文献[1]展现的一致。然而在 FE - BI 系统里，由于基于 LM 的区域分解方法使用电磁场来建立边界积分方程，使用拉格朗日乘子最终表示内部有限元方程，因此，拉格朗日乘子和电磁场量混合的情况确实存在于基于 LM 的 FETI - DP 型区域分解合元极方法中。而在基于 CE 的区域分解方法中，使用电磁场量表示内部有限元方程，因此，最终的迭代系统只与电磁场变量有关。正是因为拉格朗日乘子与电磁场量的物理意义不同，其混合导致基于 LM 的 FETI - DP 型区域分解合元极方法的收敛性比基于 CE 的 FETI - DP 型区域分解合元极方法的收敛性差。

研究证明，使用 RTC 联结有限元子区域比使用 DTC 联结有限元子区域获得的最终方程的收敛性好很多。然而，对于内部有限元和外部边界积分的联结，DTC 要好于 RTC，原因如下。

（1）在使用 DTC 联结 FEM 和 BI 的 FETI - DP 型区域分解方法里，两个内部子区域与外边界的交接拐角处的电场可以设为全局的拐角变量，然而，在使用 RTC 联结 FEM 和 BI 的 FETI – DP 型区域分解方法中，则不能这么做。因为，将电场设为全局变量后，磁场在这里是不需要的，因此将会被删除。因此，如果使用 RTC，那么边界上的拐角处不能设置全局变量。

（2）在使用 DTC 联结 FEM 和 BI 的 FETI – DP 型区域分解方法里，边界积分部分的电场变量将被删除，因此，基于 DTC 的 FETI – DP 型区域分解合元极方法的最终迭代方程是不包含外边界电场变量的，基于 RTC 的 FETI – DP 型区域分解合元极方法是很难做到上述情况的。

为了确认上述对于 4 种 FETI – DP 型区域分解合元极方法收敛性的结论，重复计算上面介质块在具有不同介电常数情况下的散射。不同 FETI – DP 型区域分解合元极方法对于不同材料介质块的迭代步数见表 6. 1。仔细观察表 6. 1 可发现，基于 CE – DTC 的 FETI – DP 型区域分解合元极方法的收敛性在 4 种方法中仍然是最好的。另外，4 种方法对于有耗材料目标的收敛速度都很快，而对于无耗材料目标，迭代步数随着介电常数的增大而增加的速度非常快，表明 4 种方法仍然面临解决具有无耗材料电大目标的挑战，此时可以直接采用文献[4]提出的预处理技术来加速 4 种非共形 FETI – DP 型区域分解合元极方法的收敛速度。

表 6. 1　4 种 FETI – DP 型区域分解合元极方法对于具有不同材料介质块的迭代步数

材料类型	ε_r	LM – DTC	LM – RTC	CE – DTC	CE – RTC
有耗	2. 0 – 0. 2j	113	161	89	117
	4. 0 – 0. 4j	169	240	134	188
	6. 0 – 0. 6j	187	312	148	195
	8. 0 – 0. 8j	242	—	183	233

续表

材料类型	ε_r	LM－DTC	LM－RTC	CE－DTC	CE－RTC
无耗	2.0	150	191	116	145
	4.0	—	—	378	511
	6.0	—	—	960	1 590
	8.0	—	—	1 752	2 233

接下来，以上述介质立方块目标为例来比较基于 CE－DTC 的 FETI－DP 型区域分解合元极方法和基于 CE 的 FETI－DP 有限元方法（这里以 CE DDM of FEM－ABC 表示）。在基于 CE 的 FETI－DP 有限元方法中，ABC 面离目标 $0.5\lambda_0$ 的距离。这两种方法的未知数和迭代步数见表 6.2。FETI－DP 型区域分解有限元方法的未知数几乎是 FETI－DP 型区域分解合元极方法的 8 倍。图 6.6 展示了这两种方法计算所得的双站 RCS 的结果。图 6.6 表明 FETI－DP 型区域分解有限元方法的计算结果精度很差，尽管加密剖分可以在一定程度上提高准确度，但仍然与矩量法和 FETI－DP 型区域分解合元极方法有很大偏差。这主要是因为 ABC 面放置得不够远，但是也很难预测到底多远可以得到能接受的精度。这个算例清晰表明，对于复杂目标，合元极方法远比有限元方法更加稳定、准确。

表 6.2　FETI－DP 型区域分解合元极方法和 FETI－DP 有限元方法对于不同材料介质块的计算资源

计算方法	计算资源	ε_r	
		2.0－0.2j	4.0－0.4j
基于 CE－DTC 的 FETI－DP 型区域分解合元极方法	未知数 FE/BI	72 004 /7 200	283 904 /18 432
	迭代步数	89	134

续表

计算方法	计算资源	ε_r	
		2.0 - 0.2j	4.0 - 0.4j
基于 CE 的 FETI - DP 型区域分解有限元方法	未知数（加密网格）	681 135	882 646（2 504 770）
	迭代步数（加密网格）	118	162（187）

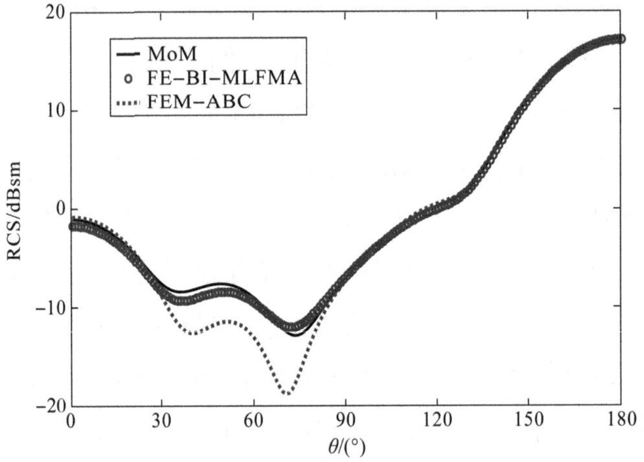

（a）

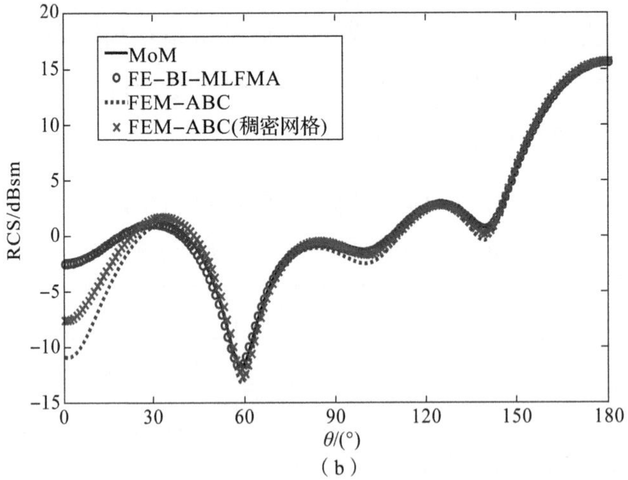

（b）

图 6.6 矩量法、FETI - DP 型区域分解合元极方法和 FETI - DP 型区域分解有限元方法计算结果对比

（a）$\varepsilon_r = 2.0 - 0.2j$；（b）$\varepsilon_r = 4.0 - 0.4j$

6.5.2　频率选择表面阵列散射

6.5.1 节只是通过一个简单的立方体目标发现了本章提出的 4 种非共形 FETI－DP 型区域分解合元极方法的数值性能差异，为了验证上述总结的数值现象和展示其对于电大尺寸现实目标的计算能力，下面将采用这 4 种方法计算一个频率选择表面（frequency selected surface，FSS）阵列的散射问题和一个贴片阵列天线的辐射问题。

首先展示对频率选择表面阵列的计算结果。该 FSS 阵列如图 6.7（a）所示，其中一个单元的具体尺寸展示在图 6.7（b）中。该 FSS 的介质基板的相对介电常数为 $\varepsilon_r = 2.0 - 0.01j$。考虑两个不同规模的阵列 20×20 和 40×40，在频率为 0.3 GHz，入射角度为 $\theta = 0°$，$\varphi = 0°$ 的平面波照射下的双站散射。为了使用区域分解合元极方法进行计算，每个单元作为一个内部子区域。内部子区域和外部边界分别使用大小为 $\lambda_0/20$ 的网格单独剖分。4 种方法计算不同阵列所得的双站 RCS 绘于图 6.8 中，它们的迭代收敛曲线如图 6.9 所示。计算过程中 4 种方法对于不同规模阵列的详细计算资源信息见表 6.3。

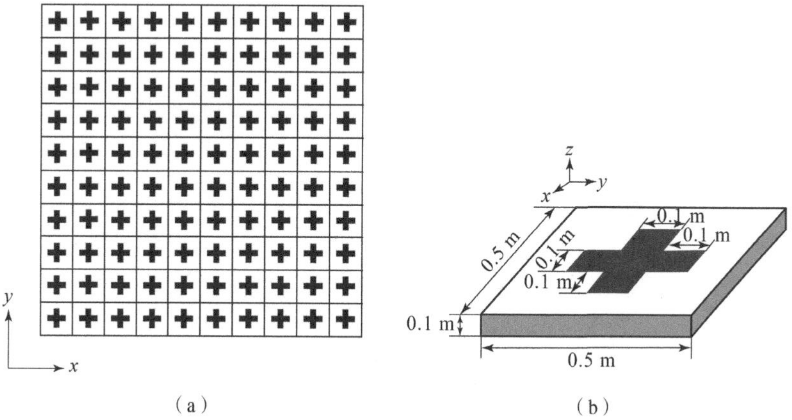

图 6.7　FSS 阵列示意图

（a）一个 10×10 的 FSS 阵列；（b）FSS 单元的几何尺寸

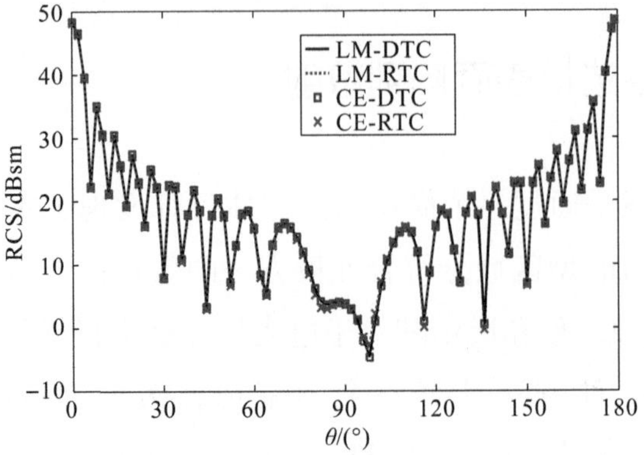

(a)

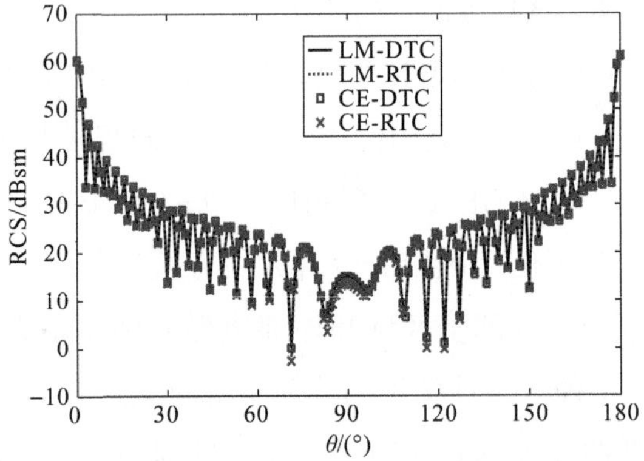

(b)

图 6.8　不同规模 FSS 阵列在 *xz* 平面上的双站 RCS

(a) 20×20 FSS 阵列；(b) 40×40 FSS 阵列

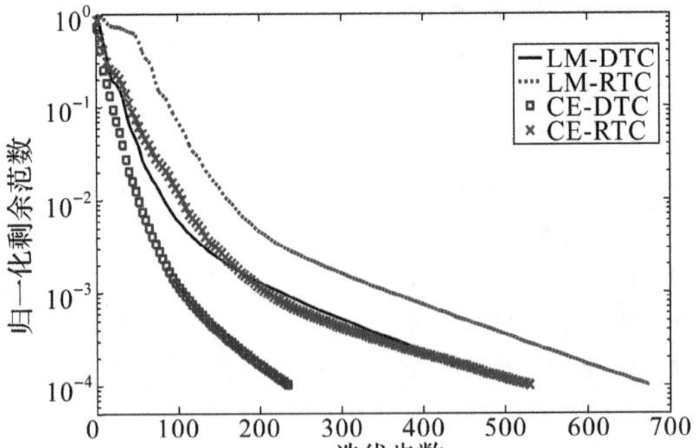

(a)

图 6.9　4 种非共形 FETI－DP 型区域分解合元极方法计算不同规模 FSS 阵列时的收敛曲线

(a) 20×20 FSS 阵列

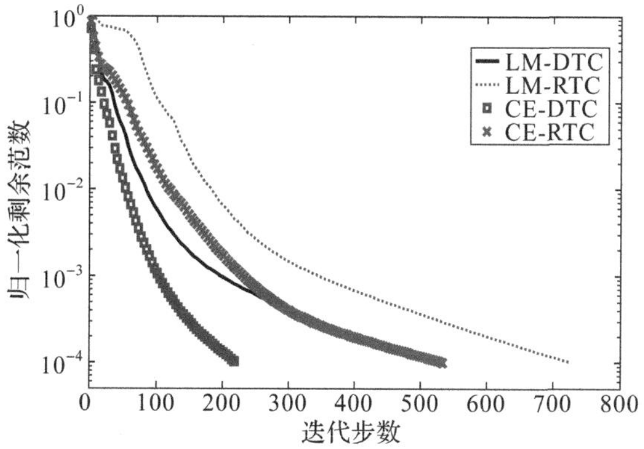

（b）

图 6.9　4 种非共形 FETI－DP 型区域分解合元极方法计算不同规模 FSS 阵列时的收敛曲线（续）

（b）40×40 FSS 阵列

表 6.3　4 种非共形 FETI－DP 型区域分解合元极方法计算不同规模 FSS 阵列时的计算资源信息

资源类别	计算方法	阵列规模	
		20×20	40×40
总的未知数	有限元部分	788 400	3 153 600
	边界积分部分	283 200	1 123 200
对偶变量数目	LM－DTC	72 960	299 520
	LM－RTC	331 912	1 327 032
	CE－DTC	145 920	599 040
	CE－RTC	663 824	2 654 064
全局变量数目	DTC	16 074	65 754
	RTC	722	3 042
计算 $[K_{rr}]^{-1}$ 内存/MB	LM－DTC	2 400	9 600
	LM－RTC	2 400	9 600
	CE－DTC	2 760	11 120
	CE－RTC	4 000	16 000

续表

资源类别	计算方法	阵列规模	
		20×20	40×40
计算$[\widetilde{K}_{cc}]^{-1}$内存/MB	LM-DTC	92	392
	LM-RTC	3	5
	CE-DTC	92	392
	CE-RTC	3	5
计算 BI 部分矩阵内存/MB	LM-DTC	4 389.90	17 609.35
	LM-RTC	4 455.49	17 869.07
	CE-DTC	4 389.90	17 609.35
	CE-RTC	4 521.08	18 128.78
计算$[K_{rr}]^{-1}$时间/s	LM-DTC	81.66	322.22
	LM-RTC	81.43	316.84
	CE-DTC	90.01	355.42
	CE-RTC	134.14	538.17
计算$[\widetilde{K}_{cc}]^{-1}$时间/s	LM-DTC	84.99	362.82
	LM-RTC	66.94	265.56
	CE-DTC	94.54	401.448
	CE-RTC	120.08	481.92
计算 BI 部分矩阵时间/s	LM-DTC	1 232.30	4 935.23
	LM-RTC	1 234.47	4 965.38
	CE-DTC	1 234.95	4 920.69
	CE-RTC	1 238.62	4 951.28
迭代求解时间/s	LM-DTC	1 693.65	6 525.60
	LM-RTC	2 287.66	10 483.30
	CE-DTC	788.00	3 010.347
	CE-RTC	1 802.33	8 322.68

续表

资源类别	计算方法	阵列规模	
		20×20	40×40
内存消耗峰值/MB	LM－DTC	7 617. 12	31 040. 84
	LM－RTC	7 911. 67	31 693. 36
	CE－DTC	7 621. 74	31 134. 50
	CE－RTC	8 712. 38	34 896. 34
计算总时间/s	LM－DTC	3 214. 35	12 823. 84
	LM－RTC	3 804. 46	16 719. 85
	CE－DTC	2 308. 96	9 263. 21
	CE－RTC	3 416. 10	14 934. 29
迭代步数	LM－DTC	517	518
	LM－RTC	675	728
	CE－DTC	236	220
	CE－RTC	533	534

6.5.3 贴片阵列天线辐射

最后使用本章提出的方法计算一个贴片阵列天线的辐射问题。贴片单元的详细几何结构和尺寸如图 6. 10 所示，介质基板的相对介电常数为 2. 5，厚度为 0. 5 cm。阵列的规模考虑两种，15×15 和 31×31。采用探针馈电的方式进行激励[4]，工作频率为 3 GHz。每个单元作为一个内部子区域。内部子区域和外部边界分别使用大小为 $\lambda_0/25$ 的网格单独剖分。通过计算获得的在 xz 平面上的归一化辐射方向图如图 6. 11 所示，4 种非共形 FETI－DP 型区域分解合元极方法计算时的收敛曲线如图 6. 12 所示，其所使用的计算资源见表 6. 4。

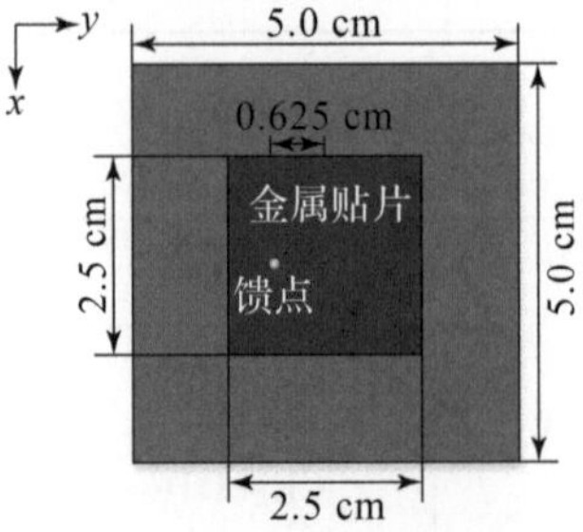

图 6.10　贴片天线阵列单元的几何尺寸

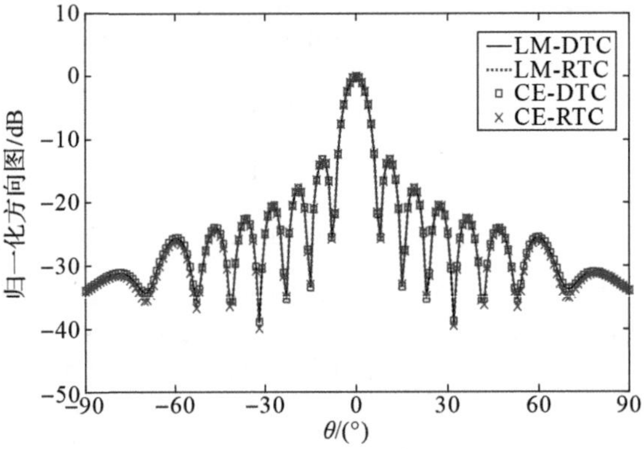

(a)

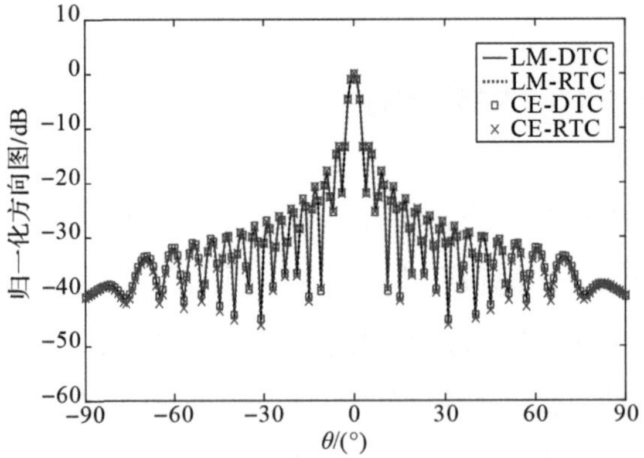

(b)

图 6.11　不同规模贴片阵列天线在 *xz* 平面上的归一化辐射方向图
(a) 15 × 15 贴片阵列；(b) 31 × 31 贴片阵列

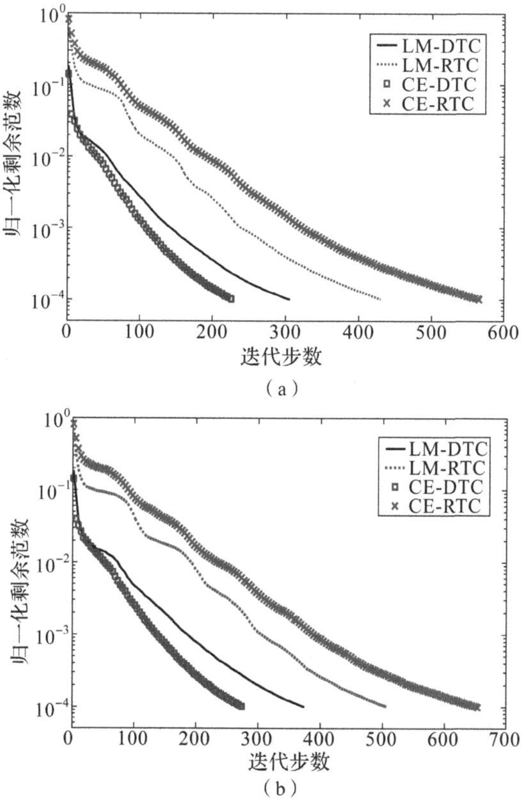

图 6.12　4 种非共形 FETI－DP 型区域分解合元极方法计算不同规模贴片阵列天线的收敛曲线

(a) 15×15 贴片阵列；(b) 31×31 贴片阵列

表 6.4　4 种非共形 FETI－DP 型区域分解合元极方法计算不同规模贴片阵列天线的计算资源信息

资源类别	计算方法	阵列规模	
		15×15	31×31
总的未知数	FEM－part	720 675	3 078 083
	BI－part	318 060	1 347 756
对偶变量数目	LM－DTC	55 020	243 660
	LM－RTC	190 942	813 246
	CE－DTC	110 040	487 320
	CE－RTC	381 884	1 626 492

续表

资源类别	计算方法	阵列规模	
		15×15	31×31
全局变量数目	DTC	11 844	52 260
	RTC	6 062	26 910
计算$[K_{rr}]^{-1}$内存/MB	LM-DTC	1 350	5 766
	LM-RTC	1 350	5 766
	CE-DTC	1 350	5 766
	CE-RTC	2 012	8 620
计算$[\tilde{K}_{cc}]^{-1}$内存/MB	LM-DTC	89	365
	LM-RTC	27	114
	CE-DTC	89	365
	CE-RTC	27	114
计算BI部分矩阵内存/MB	LM-DTC	4 630.56	20 686.32
	LM-RTC	4 665.45	20 832.40
	CE-DTC	4 630.56	20 686.32
	CE-RTC	4 700.34	20 978.48
计算$[K_{rr}]^{-1}$时间/s	LM-DTC	47.06	198.55
	LM-RTC	47.56	201.92
	CE-DTC	53.97	227.89
	CE-RTC	72.71	303.35
计算$[\tilde{K}_{cc}]^{-1}$时间/s	LM-DTC	49.62	225.39
	LM-RTC	42.16	182.10
	CE-DTC	56.94	256.54
	CE-RTC	63.84	275.91
计算BI部分矩阵时间/s	LM-DTC	2 929.93	12 547.69
	LM-RTC	2 894.45	12 458.4
	CE-DTC	2 895.34	12 497.14
	CE-RTC	2 883.11	12 485.08

续表

资源类别	计算方法	阵列规模	
		15 × 15	31 × 31
迭代求解时间/s	LM – DTC	836. 69	4 995. 27
	LM – RTC	1 374. 67	6 670. 43
	CE – DTC	698. 07	3 586. 22
	CE – RTC	1 848. 13	8 948. 75
内存消耗峰值/MB	LM – DTC	6 587. 55	29 466. 58
	LM – RTC	6 710. 25	29 682. 57
	CE – DTC	6 378. 60	28 568. 57
	CE – RTC	6 922. 59	30 616. 12
计算总时间/s	LM – DTC	3 970. 88	18 513. 21
	LM – RTC	4 470. 80	20 068. 09
	CE – DTC	3 808. 87	17 122. 68
	CE – RTC	4 970. 39	22 528. 90
迭代步数	LM – DTC	306	375
	LM – RTC	462	509
	CE – DTC	228	275
	CE – RTC	568	654

图 6. 8 和图 6. 11 表明，所有 4 种非共形 FETI – DP 型区域分解合元极方法的结果都很吻合。图 6. 9 和图 6. 12 再次验证了对于 FETI – DP 型区域分解合元极方法，DTC 比 RTC 对于联结内部有限元子区域和外部边界积分区域效果更好。此外，基于 CE – DTC 的方法的收敛性好于基于 LM – DTC 的方法。由此可以得出，基于 CE – DTC 的非共形 FETI – DP 型区域分解合元极方法是本章提出的 4 种方法中迭代收敛性最好的方法。另外，表 6. 3 和表 6. 4 说明，尽管基于 CE 的区域分解合元极方法中的对偶变量数目是基于 LM 的区域分解合元极方法的两倍，

但是其内存消耗相似，这主要因为对于电大周期性阵列问题，交界面上的未知数相对于总未知数是很小的一部分。

6.6 小　　结

本章对非共形 FETI – DP 型区域分解合元极方法进行了详细的研究，提出了 4 种不同的实现方式，并通过数值实验对其数值性能进行了详细的对比。数值实验表明，在该系统中，DTC 比 RTC 对于联结内部有限元子区域和外部边界积分区域效果更好，此外，基于 CE 的方法的收敛性好于基于 LM 的方法。总的来说，可以得出这样的结论：基于 CE – DTC 的非共形 FETI – DP 型区域分解合元极方法是所提出的 4 种方法中最好的方法。与 ABC 截断的 FETI – DP 型区域分解有限元方法相比，区域分解合元极方法实现要复杂很多，但是，通用的设置 ABC 与目标边界距离的规则很难保证有限元法的计算精度，而非共形 FETI – DP 型区域分解合元极方法相比区域分解有限元方法对于计算复杂问题更加精确和稳定。数值实验有效验证了基于 CE – DTC 的非共形 FETI – DP 型区域分解合元极方法的精确性、有效性和对现实电大复杂目标的计算能力。

参 考 文 献

[1] Xue M F, Jin J M. Nonconformal FETI-DP Methods for Large-Scale Electromagnetic Simulation [J]. IEEE Trans. Antennas Propagat., 2012, 60 (9): 4291 –4305.

[2] Yang M L, Gao H W, Sheng X Q. Parallel Domain-Decomposition-Based Algorithm of Hybrid FE-BI-MLFMA Method for 3D Scattering by

Large Inhomogeneous Objects [J]. IEEE Trans. Antennas Propagat., 2013, 61 (9): 4675-4684.

[3] Yang M L, Gao H W, Sheng X Q. An Effective Domain-Decomposition-Based Preconditioner for the FE-BI-MLFMA Method for 3D Scattering Problems [J]. IEEE Trans. Antennas Propagat., 2014, 62 (4): 2263-2268.

[4] Jin J M, Riley D J. Finite Element Analysis of Antennas and Arrays [M]. New York: John Wiley&Sons, 2008.

第 7 章
非共形模块型区域分解合元极方法

7.1 引　　言

前文已经提出了 Schwarz 型和 FETI - DP 型两种非共形区域分解合元极方法。数值实验表明，这两种方法在尽量降低内存需求的前提下，很大程度上提高了合元极方法的迭代收敛性，使其初步具备计算电大复杂目标的能力。然而，上述两种方法是在区域分解有限元方法的基础上提出的，只是将区域分解方法应用于合元极方法中的有限元部分来降低内存需求并提高迭代收敛性，因此仍然存在需要很多迭代步数才能求解复杂无耗介质电大目标的问题。而且，这两种方法的区域分解策略是将边界面作为整体，在优化设计阶段如果对目标进行局部调整，则需要重新剖分整个表面，这在一定程度上限制了模型处理的灵活性。

幸运的是，最近几年部分电磁学者对边界积分方法的区域分解算法（domain decomposition methods of boundary integral equation，BIE - DDM）进行了深入的研究，已陆续提出多种实现方案，并成功应用于电大多尺度金属、均匀介质目标的电磁问题计算中[1-7]。其中，一种内罚（interior penalty，IP）型区域分解边界积分方法[7]脱颖而出，该方法具有如下突出的优势：①基于边界表面的区域分解策略，将闭合面分解为若干非闭合的曲面，这样可以灵活、自由地进行相关问题几何模型的创建、区域划分和网格剖分；②基于最终系统方程，可以采用一种直接简单但稳定高效的 Schwarz 预条件来降低边界积分方程的条件数；③具有天然的并行性，极易于在分布式并行计算机集群上实现并行计算，提高计算效率。该 IP－BIE－DDM 方法是基于金属目标混合场积分方程提出的，该方程只涉及一个电流变量，但仍然可以借鉴应用于合元极方法中的既涉及电流又涉及磁流的混合场积分方程。

基于以上对目前提出的区域分解合元极方法的缺点分析，借鉴最近提出的区域分解边界积分方法，本章提出一种非共形模块型区域分解合元极方法。该方法基于 Schwarz 型区域分解有限元方法和内罚型区域分解边界积分方法，与之前提出的 Schwarz 型区域分解合元极方法和 FETI－DP 型区域分解合元极方法相比，具有两个最主要的优势：①可以采用一种稳定高效的预条件来保证合元极方法的快速迭代收敛性；②模块化的区域划分策略允许更加灵活、更加自由的几何模型的创建、区域划分和网格剖分。下面将对该非共形模块型区域分解合元极方法进行详细阐述，并通过丰富的数值算例对该方法进行系统的研究。

7.2　模块化区域分解策略

非共形模块型区域分解合元极方法的区域分解策略与前面提出的两种方法完全不同，以下以一个自由空间中三维非均匀介质目标的散射问题为例进行介绍。该问题的物理模型如图 7.1 所示。在图 7.1 中，$\partial\Omega$ 表示目标的外表面，其外单位法向量为 $\hat{\boldsymbol{n}}$；Ω 表示内部非均匀介质区域。根据合元极方法原理，Ω 内的电磁场问题采用微分方程描述，并使用有限元方法进行离散，因此记为内部有限元区域。$\partial\Omega$ 上的电磁场采用边界积分方程描述，并使用矩量法进行离散，因此记为外部边界面。

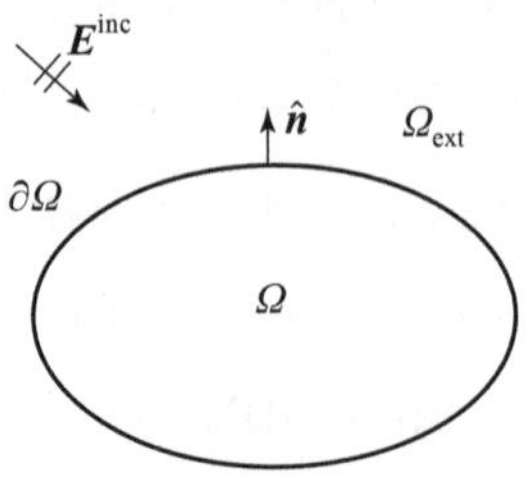

图 7.1　电磁场散射问题示意图

在非共形模块型区域分解合元极方法中，为了叙述方便，将原始的计算区域分解为两个子区域，如图 7.2 所示。在图 7.2 中，为了使 BI 部分和 FE 部分能够单独剖分，且保证最终的矩阵性态良好，我们已经将图 7.1 中的外边界 $\partial\Omega$ 分解为 $\partial\Omega^+$ 和 $\partial\Omega^-$，其面单位法向量分别为 $\hat{\boldsymbol{n}}^+$ 和 $\hat{\boldsymbol{n}}^-$，其中 $\partial\Omega^-$ 属于内部有限区域 Ω 的外边界。需要特别注意的是，$\hat{\boldsymbol{n}}^-$ 的方向是由外向内。很明显，这样的分解方法不仅将内部有限元区域 Ω 分解为 Ω_1 和 Ω_2，而且外边界面 $\partial\Omega^+$ 也随之分解为 $\partial\Omega_1^+$ 和 $\partial\Omega_2^+$。这样一来，经过区域分解后每个子区域由一个有限元体部分和一个积分面部分组成，因此，我们将每个子区域称为有限元—边界积分（FE - BI）子区域。进一步定义两个子区域中 FE 体的交界面为 $\Gamma_{1,2}$ 和 $\Gamma_{2,1}$，它们分别隶属于 Ω_1 和 Ω_2。交界面 $\Gamma_{m,n}$ 的单位法向指向子区域 Ω_m 内，并且定义为 $\hat{\boldsymbol{n}}_{m,n}^{\Gamma}$。另外，两个子区域中 BI 面的交界轮廓线表示为 $C_{1,2}$ 和 $C_{2,1}$，它们分别隶属于 $\partial\Omega_1^+$ 和 $\partial\Omega_2^+$。对于每个子区域交界轮廓线 $C_{m,n}$ 定义它们的切面单位法向量为 $\hat{\boldsymbol{t}}_{m,n}$，方向由 $\partial\Omega_m^+$ 指向 $\partial\Omega_n^+$。

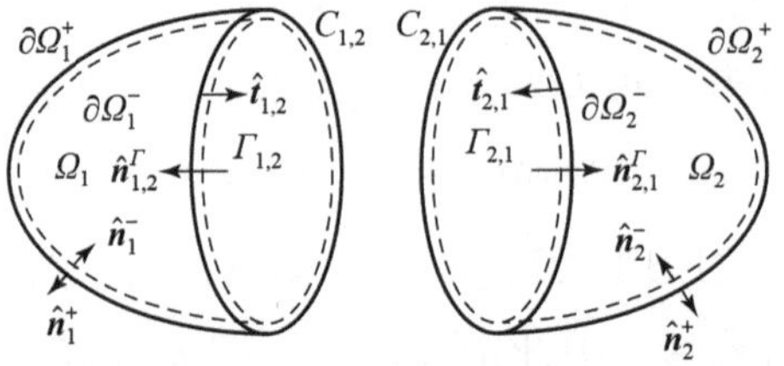

图 7.2　非共形模块型区域分解合元极方法的区域分解策略

在任意一个 FE－BI 子区域中的有限元体区域 Ω_m 内，电磁场可以用下面泛函的变分进行表示

$$F(\boldsymbol{E}_m)=\frac{1}{2}\iiint_{\Omega_m}\left[(\nabla\times\boldsymbol{E}_m)\cdot\left(\frac{1}{\mu_{\mathrm{r},m}}\nabla\times\boldsymbol{E}_m\right)-k_0^2\varepsilon_{\mathrm{r},m}\boldsymbol{E}_m\cdot\boldsymbol{E}_m\right]\mathrm{d}V+$$
$$\mathrm{j}k_0\iint_{\Gamma_m}\boldsymbol{E}_m\cdot(\hat{\boldsymbol{n}}_m^{\Gamma}\times\overline{\boldsymbol{H}}_m^{\Gamma})\,\mathrm{d}S+\mathrm{j}k_0\iint_{\partial\Omega_m^-}\boldsymbol{E}_m\cdot(\hat{\boldsymbol{n}}_m^-\times\overline{\boldsymbol{H}}_m^-)\,\mathrm{d}S \tag{7.1}$$

其中，$\overline{\boldsymbol{H}}_m=Z_0\boldsymbol{H}_m$；$\boldsymbol{E}_m$ 为 Ω_m 中的电场，$\boldsymbol{H}_m^{\Gamma}$ 和 $\boldsymbol{H}_m^-$ 分别为 Γ_m 和 $\partial\Omega_m^-$ 面上的磁场；$\varepsilon_{\mathrm{r},m}$ 和 $\mu_{\mathrm{r},m}$ 分别为 Ω_m 中的相对介电常数和相对磁导率；j 为虚数单位；$k_0=\omega\sqrt{\mu_0\varepsilon_0}$ 为自由空间的波数，其中 $\omega=2\pi f$ 表示为角频率。

在任意一个 FE－BI 子区域中的外边界积分面区域 $\partial\Omega_m^-$ 上，电磁场满足的混合场积分方程将重新表示为

$$\boldsymbol{\pi}_t\left(-\frac{1}{2}\boldsymbol{E}_m^++\sum_{n=1}^{2}\left[\tilde{\boldsymbol{L}}(\hat{\boldsymbol{n}}_n^+\times\overline{\boldsymbol{H}}_n^+)-\tilde{\boldsymbol{K}}(\boldsymbol{E}_n^+\times\hat{\boldsymbol{n}}_n^+)\right]\right)+$$
$$\boldsymbol{\pi}_\times\left(-\frac{1}{2}\overline{\boldsymbol{H}}_m^++\sum_{n=1}^{2}\left[\tilde{\boldsymbol{L}}(\boldsymbol{E}_n^+\times\hat{\boldsymbol{n}}_n^+)+\tilde{\boldsymbol{K}}(\hat{\boldsymbol{n}}_n^+\times\overline{\boldsymbol{H}}_n^+)\right]\right)=$$
$$-\boldsymbol{\pi}_t(\boldsymbol{E}_m^{\mathrm{inc}})-\boldsymbol{\pi}_\times(\overline{\boldsymbol{H}}_m^{\mathrm{inc}}) \tag{7.2}$$

其中，$\overline{\boldsymbol{H}}_m^+=Z_0\boldsymbol{H}_m^+$；$\boldsymbol{E}_m^+$ 和 $\boldsymbol{H}_m^+$ 分别为 $\partial\Omega_m^+$ 上的电场和磁场；$\boldsymbol{\pi}_t(\cdot):=\hat{\boldsymbol{n}}\times(\cdot)\times\hat{\boldsymbol{n}}$ 和 $\boldsymbol{\pi}_\times(\cdot):=\hat{\boldsymbol{n}}\times(\cdot)$ 都是取被作用量表面切向分量的算子，但其方向不同，前者与被作用量一致，后者与被作用量垂直；$\tilde{\boldsymbol{L}}$ 和 $\tilde{\boldsymbol{K}}$ 为积分微分算子，具体表达式参考式（2.31）和式（2.32）；另外式（7.2）中 $\tilde{\boldsymbol{K}}$ 的奇异点已被移除。

7.3　子区域联结方法

对于上述区域分解后的问题，任意 FE－BI 子区域中的电磁场只

是对于自己定义的，不同子区域在 FE 交界面和 BI 交界轮廓线处是可以不连续的，目前并没有任何直接的关系。显然，如果不在子区域交界面 $\Gamma_{m,n}$ 和交界轮廓线 $C_{m,n}$ 处强加任何连续性条件的话，将无法通过式（7.1）和式（7.2）获得该问题正确的解。因此，接下来将进一步讨论在子区域之间采用何种传输条件来获得与原始问题相同的解。

7.3.1 子区域内 FE 与 BI 联结方法

从图 7.2 中可以发现，任意一个 FE－BI 子区域中内部有限元部分和外部边界积分部分是相互独立的，在它们的交界面 $\partial\Omega_m^+$ 和 $\partial\Omega_m^-$ 上可以采用一阶 Robin 型传输条件来将它们进行联结，具体表达式如下

$$-\mathrm{j}k_0\hat{\boldsymbol{n}}_m^- \times \overline{\boldsymbol{H}}_m^- + \mathrm{j}k_0\hat{\boldsymbol{n}}_m^- \times \boldsymbol{E}_m^- \times \hat{\boldsymbol{n}}_m^- = \mathrm{j}k_0\hat{\boldsymbol{n}}_m^+ \times \overline{\boldsymbol{H}}_m^+ + \mathrm{j}k_0\hat{\boldsymbol{n}}_m^+ \times \boldsymbol{E}_m^+ \times \hat{\boldsymbol{n}}_m^+ \quad 在\ \partial\Omega_m^-\ 面上 \tag{7.3}$$

$$-\mathrm{j}k_0\hat{\boldsymbol{n}}_m^+ \times \overline{\boldsymbol{H}}_m^+ + \mathrm{j}k_0\hat{\boldsymbol{n}}_m^+ \times \boldsymbol{E}_m^+ \times \hat{\boldsymbol{n}}_m^+ = \mathrm{j}k_0\hat{\boldsymbol{n}}_m^- \times \overline{\boldsymbol{H}}_m^- + \mathrm{j}k_0\hat{\boldsymbol{n}}_m^- \times \boldsymbol{E}_m^- \times \hat{\boldsymbol{n}}_m^- \quad 在\ \partial\Omega_m^+\ 面上 \tag{7.4}$$

通过采用一阶 Robin 型传输条件，保证了两部分的电磁场在交界面上的切向连续性。而且，在数值离散时，可以通过两次不同形式试函数的伽略金匹配使每个子区域获得的矩阵是一个较为对称的矩阵，这一特点将在下面的方程推导过程中体现。为了能更清楚地描述后面的方程离散过程，进一步引入辅助面矢量 $\bar{\boldsymbol{j}}_m^-$、$\boldsymbol{e}_m^-$、$\bar{\boldsymbol{j}}_m^+$ 和 $\boldsymbol{e}_m^+$，其具体定义式如下

$$\bar{\boldsymbol{j}}_m^- = \hat{\boldsymbol{n}}_m^- \times \overline{\boldsymbol{H}}_m^- \quad 在\ \partial\Omega_m^-\ 面上 \tag{7.5}$$

$$\boldsymbol{e}_m^- = \hat{\boldsymbol{n}}_m^- \times \boldsymbol{E}_m^- \times \hat{\boldsymbol{n}}_m^- \quad 在\ \partial\Omega_m^-\ 面上 \tag{7.6}$$

$$\bar{\boldsymbol{j}}_m^+ = \hat{\boldsymbol{n}}_m^+ \times \overline{\boldsymbol{H}}_m^+ \quad 在\ \partial\Omega_m^+\ 面上 \tag{7.7}$$

$$\boldsymbol{e}_m^+ = \hat{\boldsymbol{n}}_m^+ \times \boldsymbol{E}_m^+ \times \hat{\boldsymbol{n}}_m^+ \quad 在\ \partial\Omega_m^+\ 面上 \tag{7.8}$$

7.3.2 子区域间 FE 联结方法

对于子区域间 FE 交界面的联结，与最优的 Schwarz 型区域分解有限元方法相同[8]，在子区域 FE 交界面上采用完全二阶 Robin 型传输条件。为了方便起见，首先在任意子区域的 FE 交界面 Γ_m 上引入辅助面矢量 $\bar{\boldsymbol{j}}_m^{\Gamma}$和 $\boldsymbol{e}_m^{\Gamma}$，定义式为

$$\bar{\boldsymbol{j}}_m^{\Gamma} = \hat{\boldsymbol{n}}_m^{\Gamma} \times \overline{\boldsymbol{H}}_m^{\Gamma} \qquad \text{在 } \Gamma_m \text{ 面上} \tag{7.9}$$

$$\boldsymbol{e}_m^{\Gamma} = \hat{\boldsymbol{n}}_m^{\Gamma} \times \boldsymbol{E}_m^{\Gamma} \times \hat{\boldsymbol{n}}_m^{\Gamma} \qquad \text{在 } \Gamma_m \text{ 面上} \tag{7.10}$$

借助式（7.9）和式（7.10），交界面上完全二阶 Robin 型传输条件表示为

$$\begin{cases} -\mathrm{j}k_0\bar{\boldsymbol{j}}_m^{\Gamma} + \mathrm{j}k_0\boldsymbol{e}_m^{\Gamma} - \beta\,\nabla_\tau \times \nabla_\tau \times \boldsymbol{e}_m^{\Gamma} - \mathrm{j}k_0\gamma\,\nabla_\tau\,\nabla_\tau \cdot \bar{\boldsymbol{j}}_m^{\Gamma} = \\ \mathrm{j}k_0\bar{\boldsymbol{j}}_n^{\Gamma} + \mathrm{j}k_0\boldsymbol{e}_n^{\Gamma} - \beta\,\nabla_\tau \times \nabla_\tau \times \boldsymbol{e}_n^{\Gamma} + \mathrm{j}k_0\gamma\,\nabla_\tau\,\nabla_\tau \cdot \bar{\boldsymbol{j}}_n^{\Gamma} \quad \text{在 } \Gamma_{m,n} \text{面上} \\ -\mathrm{j}k_0\bar{\boldsymbol{j}}_n^{\Gamma} + \mathrm{j}k_0\boldsymbol{e}_n^{\Gamma} - \beta\,\nabla_\tau \times \nabla_\tau \times \boldsymbol{e}_n^{\Gamma} - \mathrm{j}k_0\gamma\,\nabla_\tau\,\nabla_\tau \cdot \bar{\boldsymbol{j}}_n^{\Gamma} = \\ \mathrm{j}k_0\bar{\boldsymbol{j}}_m^{\Gamma} + \mathrm{j}k_0\boldsymbol{e}_m^{\Gamma} - \beta\,\nabla_\tau \times \nabla_\tau \times \boldsymbol{e}_m^{\Gamma} + \mathrm{j}k_0\gamma\,\nabla_\tau\,\nabla_\tau \cdot \bar{\boldsymbol{j}}_m^{\Gamma} \quad \text{在 } \Gamma_{n,m} \text{面上} \end{cases} \tag{7.11}$$

在式（7.11）中，β 和 γ 是两个可变参数，它们对区域分解方法的收敛性至关重要，文献[8]已对其设置方法进行了详细说明和验证，数值实验表明，其取值规则如下

$$\beta = \mathrm{j} \Bigg/ \left(k_0 - \mathrm{j}\sqrt{\left(\frac{\pi}{h_{\min}^{\Gamma}}\right)^2 - k_0^2}\right) \tag{7.12}$$

$$\gamma = 1 \Bigg/ \left(k_0^2 - \mathrm{j}k_0\sqrt{\left(\frac{10\pi}{h_{\min}^{\Gamma}}\right)^2 - k_0^2}\right) \tag{7.13}$$

其中，$h_{\min}^{\Gamma}$表示 FE 交界面上最小的网格边尺寸。在式（7.11）中存在两个二阶导数项，分别关于 $\boldsymbol{e}_m^{\Gamma}$ 和 $\bar{\boldsymbol{j}}_m^{\Gamma}$。实现$\nabla_\tau \times \nabla_\tau \times \boldsymbol{e}_m^{\Gamma}$ 比较简单，只

需将其中的一个旋度算子作用于测试函数，但若要实现二阶导数项 $\nabla_\tau \nabla_\tau \cdot \bar{\boldsymbol{j}}_m^\Gamma$，则需要引入一个辅助标量 ρ_m^Γ，其定义为

$$\rho_m^\Gamma = \nabla_\tau \cdot \bar{\boldsymbol{j}}_m^\Gamma \tag{7.14}$$

之所以选择完全二阶 Robin 型传输条件，是因为它不仅可以加速 FE 交界面上传输模式波的收敛，而且可以加速交界面上消逝模式波的收敛，因此可以最有效地提高最终区域分解合元极方程的迭代收敛性。

7.3.3 子区域间 BI 联结方法

从基于不连续伽略金的区域分解积分方程的研究可知，子区域间 BI 面交界轮廓线处的联结方式对于整个方法至关重要，很大程度影响最终系统方程的收敛性。目前最有效的方式是文献[7]提出的反对称型内罚传输条件，已经用于求解纯金属目标散射问题的区域分解边界积分方法。数值实验表明，该方程使得区域分解边界积分方法具有很快的收敛速度和优秀的数值可扩展性，可以有效解决电大多尺度金属目标的电磁问题。

本章提出的非共形模块型区域分解合元极方法中也存在 BI 面交界轮廓线的联结问题，鉴于文献[7]提出的内罚传输条件的有效性，采用该反对称型内罚传输条件，并将其推广到本章既包含电流又包含磁流的边界积分方程中，对外边界子区域进行有效的联结。为了叙述方便，提前在轮廓线处引入下面的连续性算子

$$[[\boldsymbol{x}]]_{m,n} := \hat{\boldsymbol{t}}_{m,n} \cdot \boldsymbol{x}_m - \hat{\boldsymbol{t}}_{m,n} \cdot \boldsymbol{x}_n \quad \text{在 } C_{m,n} \text{线上} \tag{7.15}$$

外表面电流 $\boldsymbol{j}^+$ 在子区域 BI 面交界轮廓线处应满足法向相等，因此，电流法向连续表示为 $[[\boldsymbol{j}^+]]_{m,n}=0$。而外表面电场 $\boldsymbol{e}^+$ 在子区域 BI 面交界轮廓线处应满足切向相等，因此，电场切向连续表示为 $[[\boldsymbol{e}^+ \times \hat{\boldsymbol{n}}^+]]_{m,n}=0$。另外，为了下面叙述方便，将矢量和标量内积分

别定义为 $\langle \boldsymbol{x},\boldsymbol{y}\rangle_S := \iint_S \boldsymbol{x}\cdot\boldsymbol{y}\mathrm{d}S$ 和 $\langle x,y\rangle_S := \iint_S xy\mathrm{d}S$ 。

借助上面的连续性算子，外表面电流 $\boldsymbol{j}^+$ 关于交界轮廓线的反对称型内罚传输条件可表示为

$$\frac{1}{4\mathrm{j}k_0}\sum_{C_{m,n}\in C}\left\langle [[\boldsymbol{j}^+]]_{m,n},\sum_{n=1}^{2}\int_{\partial\Omega_n^+}(\nabla_\tau\cdot\boldsymbol{v}_n^+)G(\boldsymbol{r},\boldsymbol{r}')\mathrm{d}S'\right\rangle_{C_{m,n}}+$$
$$\frac{\beta'}{2k_0}\sum_{C_{m,n}\in C}\langle [[\boldsymbol{j}^+]]_{m,n},[[\boldsymbol{v}^+]]_{m,n}\rangle_{C_{m,n}}=0 \tag{7.16}$$

式（7.16）中，$\boldsymbol{v}_n^+$ 是定义在 $\partial\Omega_n^+$ 上的局部试函数；β' 是一个与网格密度相关的调节系数，参考文献[7]设为 $\beta' = h_{\mathrm{ave}}^+/10$，其中 h_{ave}^+ 为边界积分面上三角形网格的平均边长。同理外表面磁流 $\boldsymbol{e}^+\times\hat{\boldsymbol{n}}^+$ 关于交界轮廓线的反对称型内罚传输条件可表示为

$$\frac{1}{4\mathrm{j}k_0}\sum_{C_{m,n}\in C}\left\langle [[\boldsymbol{e}^+\times\hat{\boldsymbol{n}}^+]]_{m,n},\sum_{n=1}^{2}\int_{\partial\Omega_n^+}(\nabla_\tau\cdot\boldsymbol{v}_n^+)G(\boldsymbol{r},\boldsymbol{r}')\mathrm{d}S'\right\rangle_{C_{m,n}}+$$
$$\frac{\beta'}{2k_0}\sum_{C_{m,n}\in C}\langle [[\boldsymbol{e}^+\times\hat{\boldsymbol{n}}^+]]_{m,n},[[\boldsymbol{v}^+]]_{m,n}\rangle_{C_{m,n}}=0 \tag{7.17}$$

值得注意的是，方程（7.16）和（7.17）沿着边界轮廓的表述不完全是局部的，也包含了全局性的所有区域对于边界的作用。不用引入多余的辅助变量便可以通过上述内罚方程弱性保证外边界子区域在交界轮廓线处的电磁流连续性。另外，两个方程实现起来比较简单，只涉及标量的一阶奇异点处理。

在子区域的积分面交界轮廓线处采用上述传输条件主要是基于如下 3 个优点：①能够保证最终获得的区域分解方程具有快速稳定的迭代收敛性；②其与式（7.2）的边界积分方程的性态具有一致性；③这些传输条件不仅适用于交界轮廓线处共形网格，而且可以直接适用于交界轮廓线处非共形网格的情况。

7.4 系统矩阵方程离散方法

7.4.1 区域网格离散和基函数选取

下面对上述方程进行数值离散，详细阐述系统方程的获得过程。数值离散的前提是计算区域的网格离散，在本章提出的区域分解合元极方法中，每一个 FE – BI 子区域允许完全独立的网格离散。每个子区域的 FE 部分采用四面体网格离散，每个子区域的 BI 部分采用三角形网格离散，即每个 FE – BI 子区域都具有自己的一组四面体、三角形和顶点信息。这一剖分优势极具吸引力，在这种情况下，可以并行地对每个子区域进行网格剖分，而且对于具有周期性的目标，可以通过一些具有代表性的 FE – BI 子区域来快速组合获得整个目标，大大降低建模和网格离散的工作量。对于每一个FE – BI 子区域，将 FE 部分 Ω_m 内的四面体网格用 $\mathcal{K}_m^h$ 表示，将 BI 部分 $\partial\Omega_m^+$ 上的三角形网格用 $\mathcal{S}_m^h$ 表示，将 FE 交界面处的网格用 $\mathcal{T}_m^h$ 表示。

随后，考虑在离散网格的基础上对子区域内的变量采用合适的基函数进行展开。每个 FE – BI 子区域的 BI 部分涉及两个变量 $\bar{\boldsymbol{j}}_m^+$ 和 $\boldsymbol{e}_m^+$，分别采用散度共形的一阶 RWG 面基函数 $\boldsymbol{g}_m^+$ 和旋度共形的一阶边缘元面基函数 $\boldsymbol{N}_m^+$[9]。每个 FE – BI 子区域的 FE 部分涉及的变量比较多，分别是 $\boldsymbol{E}_m$、$\bar{\boldsymbol{j}}_m^-$、$\boldsymbol{e}_m^-$、$\bar{\boldsymbol{j}}_m^\Gamma$、$\boldsymbol{e}_m^\Gamma$ 和 ρ_m^Γ。$\boldsymbol{E}_m$ 的展开基函数为旋度共形一阶边缘元体基函数 $\boldsymbol{N}_m$[9]，$\bar{\boldsymbol{j}}_m^-$ 和 $\boldsymbol{e}_m^-$ 的展开基函数分别与 $\bar{\boldsymbol{j}}_m^+$ 和 $\boldsymbol{e}_m^+$ 的形式相同，表示为 $\boldsymbol{g}_m^-$ 和 $\boldsymbol{N}_m^-$。为了获得较好的收敛性，$\bar{\boldsymbol{j}}_m^\Gamma$ 的展开基函数与 $\bar{\boldsymbol{j}}_m^+$ 的不同，而是采用在拐角处不连续的一阶边缘元面基函数

$\tilde{\boldsymbol{N}}_m^{\Gamma}$[8]。$\boldsymbol{e}_m^{\Gamma}$ 的展开基函数仍与 $\boldsymbol{e}_m^{+}$ 相同，标记为 $\boldsymbol{N}_m^{\Gamma}$。最后，$\rho_m^{\Gamma}$ 的展开基函数为一阶插值型拉格朗日标量基函数 ϕ_m^{Γ}[8]。为了更加直观，在图 7.3 中展现出待求未知变量的具体分布位置。

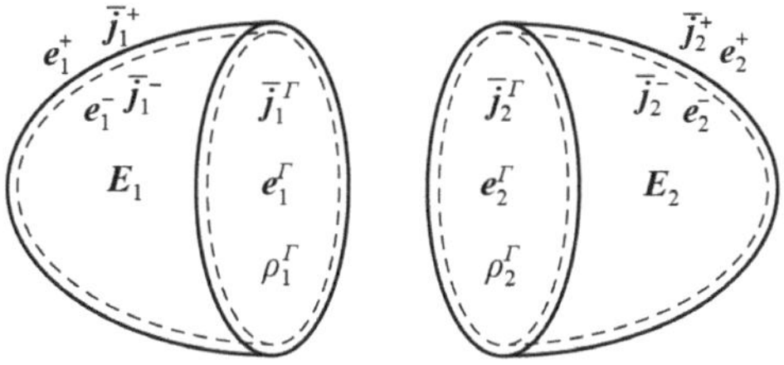

图 7.3　非共形模块型区域分解合元极方法中子区域变量分布位置

借助上面介绍的各个变量的展开基函数，每个 FE－BI 子区域的未知系数矢量由 8 个元素组成，即 $\boldsymbol{x}_m = (\boldsymbol{x}_m^{\mathrm{FEM}} \mid \boldsymbol{x}_m^{\mathrm{BI}})^{\mathrm{T}} = (\boldsymbol{E}_m^{\mathrm{I}}\ \boldsymbol{E}_m^{\Gamma}\ \bar{\boldsymbol{j}}_m^{\Gamma}\ \rho_m^{\Gamma}\ \boldsymbol{E}_m^{-}\ \bar{\boldsymbol{j}}_m^{-} \mid \boldsymbol{e}_m^{+}\ \bar{\boldsymbol{j}}_m^{+})^{\mathrm{T}}$。为了清晰起见，我们将 $\boldsymbol{E}_m$ 的未知数 $\{E_m\}$ 分解为位于 Γ_m 上的 $\{E_m^{\Gamma}\}$、$\partial\Omega_m^{-}$ 上的 $\{E_m^{-}\}$ 和完全位于内部的 $\{E_m^{\mathrm{I}}\}$。

7.4.2　试函数选取和各方程离散方法

为了获得性态良好的矩阵方程，选择何种试函数、怎样进行方程的数值离散是至关重要的。经过对不同方程的深入研究，借鉴前人的经验，针对模块型区域分解合元极方法开发了一套行之有效的数值离散方法，下面将对其进行详细阐述。

（1）FE－BI 子区域中 FE 部分所涉方程离散。

首先对任意 FE－BI 子区域中 FE 部分体微分方程进行离散。将 $\boldsymbol{E}_m$ 采用基函数 $\boldsymbol{N}_m$ 和未知系数 $\{E_m\}$ 展开随后直接代入式（7.1）所示泛函的变分，得到

$$[\boldsymbol{K}_m]\{E_m^{\Omega}\} + [\boldsymbol{B}_m^{e^{\Gamma}j^{\Gamma}}]\{\bar{j}_m^{\Gamma}\} + [\boldsymbol{B}_m^{e^{-}j^{-}}]\{\bar{j}_m^{-}\} = 0 \tag{7.18}$$

其中

$$[\boldsymbol{K}_m] = \iiint_{\Omega_m} \left[(\nabla \times \boldsymbol{N}_m) \cdot \left(\frac{1}{\mu_{r,m}} \nabla \times \boldsymbol{N}_m \right)^{\mathrm{T}} - k_0^2 \varepsilon_{r,m} \boldsymbol{N}_m \cdot (\boldsymbol{N}_m)^{\mathrm{T}} \right] \mathrm{d}V \tag{7.19}$$

$$[\boldsymbol{B}_m^{e^{\Gamma} j^{\Gamma}}] = \mathrm{j}k_0 \iint_{\Gamma_m} \boldsymbol{N}_m^{\Gamma} \cdot (\tilde{\boldsymbol{N}}_m^{\Gamma})^{\mathrm{T}} \mathrm{d}S \tag{7.20}$$

$$[\boldsymbol{B}_m^{e^- j^-}] = \mathrm{j}k_0 \iint_{\partial\Omega_m^-} \boldsymbol{N}_m^- \cdot (\boldsymbol{g}_m^-)^{\mathrm{T}} \mathrm{d}S \tag{7.21}$$

然后对外表面 $\partial\Omega_m^-$ 上的传输条件进行离散。先采用 $\boldsymbol{g}_m^-$ 作为试函数通过伽略金匹配方法对式（7.3）表示的一阶 Robin 型传输条件进行第一次离散得到

$$[\boldsymbol{B}_m^{j^- e^-}]\{E_m^-\} + [\boldsymbol{D}_m^{j^- j^-}]\{\bar{j}_m^-\} = [\boldsymbol{B}_m^{j^- e^+}]\{E_m^+\} + [\boldsymbol{D}_m^{j^- j^+}]\{\bar{j}_m^+\} \tag{7.22}$$

其中

$$[\boldsymbol{B}_m^{j^- e^-}] = \mathrm{j}k_0 \langle \boldsymbol{g}_m^-, (\boldsymbol{N}_m^-)^{\mathrm{T}} \rangle_{\partial\Omega_m^-} \tag{7.23}$$

$$[\boldsymbol{D}_m^{j^- j^-}] = -\mathrm{j}k_0 \langle \boldsymbol{g}_m^-, (\boldsymbol{g}_m^-)^{\mathrm{T}} \rangle_{\partial\Omega_m^-} \tag{7.24}$$

$$[\boldsymbol{B}_m^{j^- e^+}] = \mathrm{j}k_0 \langle \boldsymbol{g}_m^-, (\boldsymbol{N}_m^+)^{\mathrm{T}} \rangle_{\partial\Omega_m^-} \tag{7.25}$$

$$[\boldsymbol{D}_m^{j^- j^+}] = \mathrm{j}k_0 \langle \boldsymbol{g}_m^-, (\boldsymbol{g}_m^+)^{\mathrm{T}} \rangle_{\partial\Omega_m^-} \tag{7.26}$$

再采用 $\boldsymbol{N}_m^-$ 作为试函数通过伽略金匹配方法对式（7.3）表示的一阶 Robin 型传输条件进行第二次离散得到

$$[\boldsymbol{D}_m^{e^- e^-}]\{E_m^-\} + [\boldsymbol{B}_m^{e^- j^-}]\{\bar{j}_m^-\} = [\boldsymbol{D}_m^{e^- e^+}]\{E_m^+\} + [\boldsymbol{B}_m^{e^- j^+}]\{\bar{j}_m^+\} \tag{7.27}$$

其中

$$[\boldsymbol{D}_m^{e^- e^-}] = \mathrm{j}k_0 \langle \boldsymbol{N}_m^-, (\boldsymbol{N}_m^-)^{\mathrm{T}} \rangle_{\partial\Omega_m^-} \tag{7.28}$$

$$[\boldsymbol{B}_m^{e^- j^-}] = -\mathrm{j}k_0 \langle \boldsymbol{N}_m^-, (\boldsymbol{g}_m^-)^{\mathrm{T}} \rangle_{\partial\Omega_m^-} \tag{7.29}$$

$$[\boldsymbol{D}_m^{e^- e^+}] = \mathrm{j}k_0 \langle \boldsymbol{N}_m^-, (\boldsymbol{N}_m^-)^{\mathrm{T}} \rangle_{\partial\Omega_m^-} \tag{7.30}$$

$$[\boldsymbol{B}_m^{e^- j^+}] = \mathrm{j}k_0 \langle \boldsymbol{N}_m^-, (\boldsymbol{g}_m^-)^{\mathrm{T}} \rangle_{\partial\Omega_m^-} \tag{7.31}$$

接着对交界面 Γ_m 上的传输条件进行离散。与 $\partial\Omega_m^-$ 不同，这里只进行一次离散，试函数为 $\tilde{\boldsymbol{N}}_m^\Gamma$，将与其他子区域相交的所有交界面累加获得

$$[\boldsymbol{B}_m^{j^\Gamma e^\Gamma}]\{E_m^\Gamma\}+[\boldsymbol{D}_m^{j^\Gamma j^\Gamma}]\{\bar{j}_m^\Gamma\}+[\boldsymbol{F}_m^{j^\Gamma \rho^\Gamma}]\{\rho_m^\Gamma\}=$$

$$\sum_{n\in\{m\text{的相邻子区域}\}}(\boldsymbol{B}_{m,n}^{j^\Gamma e^\Gamma}\{E_n^\Gamma\}+[\boldsymbol{D}_{m,n}^{j^\Gamma j^\Gamma}]\{\bar{j}_n^\Gamma\}+[\boldsymbol{F}_{m,n}^{j^\Gamma \rho^\Gamma}]\{\boldsymbol{\rho}_n^\Gamma\})\tag{7.32}$$

其中

$$[\boldsymbol{B}_m^{j^\Gamma e^\Gamma}]=\mathrm{j}k_0\langle\tilde{\boldsymbol{N}}_m^\Gamma,(\boldsymbol{N}_m^\Gamma)^{\mathrm{T}}\rangle_{\Gamma_m}-\beta\langle\nabla_\tau\times\tilde{\boldsymbol{N}}_m^\Gamma,(\nabla_\tau\times\boldsymbol{N}_m^\Gamma)^{\mathrm{T}}\rangle_{\Gamma_m}\tag{7.33}$$

$$[\boldsymbol{D}_m^{j^\Gamma j^\Gamma}]=-\mathrm{j}k_0\langle\tilde{\boldsymbol{N}}_m^\Gamma,(\tilde{\boldsymbol{N}}_m^\Gamma)^{\mathrm{T}}\rangle_{\Gamma_m}\tag{7.34}$$

$$[\boldsymbol{F}_m^{j^\Gamma \rho^\Gamma}]=-\mathrm{j}k_0\gamma\langle\tilde{\boldsymbol{N}}_m^\Gamma,(\nabla_\tau\phi_m^\Gamma)^{\mathrm{T}}\rangle_{\Gamma_m}\tag{7.35}$$

$$[\boldsymbol{B}_{m,n}^{j^\Gamma e^\Gamma}]=\mathrm{j}k_0\langle\tilde{\boldsymbol{N}}_m^\Gamma,(\boldsymbol{N}_n^\Gamma)^{\mathrm{T}}\rangle_{\Gamma_{m,n}}-\beta\langle\nabla_\tau\times\tilde{\boldsymbol{N}}_m^\Gamma,(\nabla_\tau\times\boldsymbol{N}_n^\Gamma)^{\mathrm{T}}\rangle_{\Gamma_{m,n}}\tag{7.36}$$

$$[\boldsymbol{D}_{m,n}^{j^\Gamma j^\Gamma}]=\mathrm{j}k_0\langle\tilde{\boldsymbol{N}}_m^\Gamma,(\tilde{\boldsymbol{N}}_n^\Gamma)^{\mathrm{T}}\rangle_{\Gamma_{m,n}}\tag{7.37}$$

$$[\boldsymbol{F}_{m,n}^{j^\Gamma \rho^\Gamma}]=\mathrm{j}k_0\gamma\langle\tilde{\boldsymbol{N}}_m^\Gamma,(\nabla_\tau\phi_n^\Gamma)^{\mathrm{T}}\rangle_{\Gamma_{m,n}}\tag{7.38}$$

此外，须采用 ϕ_m^Γ 作为试函数通过伽略金匹配方法对 ρ_m^Γ的定义式（7.14）进行离散来补全矩阵，并且为了与式（7.32）一致，方程两边需乘上 $-\mathrm{j}k_0\gamma$，最终形式如下

$$[\boldsymbol{F}_m^{\rho^\Gamma j^\Gamma}]\{\bar{j}_m^\Gamma\}+[\boldsymbol{G}_m^{\rho^\Gamma \rho^\Gamma}]\{\boldsymbol{\rho}_m^\Gamma\}=0\tag{7.39}$$

其中

$$[\boldsymbol{F}_m^{\rho^\Gamma j^\Gamma}]=-\mathrm{j}k_0\gamma\langle\nabla_\tau\phi_m^\Gamma,(\tilde{\boldsymbol{N}}_m^\Gamma)^{\mathrm{T}}\rangle_{\Gamma_m}\tag{7.40}$$

$$[\boldsymbol{G}_m^{\rho^\Gamma \rho^\Gamma}]=\mathrm{j}k_0\gamma\langle\phi_m^\Gamma,(\phi_m^\Gamma)^{\mathrm{T}}\rangle_{\Gamma_m}\tag{7.41}$$

最后，将式（7.18）、式（7.22）、式（7.27）、式（7.32）和式（7.39）联立获得关于任意 FE－BI 子区域中 FE 部分的矩阵方程，形式如下

$$
\begin{bmatrix}
\boldsymbol{K}_m^{\mathrm{II}} & \boldsymbol{K}_m^{\mathrm{I}\Gamma} & 0 & 0 & \boldsymbol{K}_m^{\mathrm{I}-} & 0 & 0 & 0 \\
\boldsymbol{K}_m^{\Gamma\mathrm{I}} & \boldsymbol{K}_m^{\Gamma\Gamma} & \boldsymbol{B}_m^{e^\Gamma j^\Gamma} & 0 & \boldsymbol{K}_m^{\Gamma-} & 0 & 0 & 0 \\
0 & \boldsymbol{B}_m^{j^\Gamma e^\Gamma} & \boldsymbol{D}_m^{j^\Gamma j^\Gamma} & \boldsymbol{F}_m^{j^\Gamma \rho^\Gamma} & 0 & 0 & 0 & 0 \\
0 & 0 & \boldsymbol{F}_m^{\rho^\Gamma j^\Gamma} & G_m^{\rho^\Gamma \rho^\Gamma} & 0 & 0 & 0 & 0 \\
\boldsymbol{K}_m^{-\mathrm{I}} & \boldsymbol{K}_m^{-\Gamma} & 0 & 0 & \boldsymbol{K}_m^{--} - \frac{1}{2}\boldsymbol{D}_m^{e^-e^-} & \frac{1}{2}\boldsymbol{B}_m^{e^-j^-} & \frac{1}{2}\boldsymbol{D}_m^{e^-e^+} & \frac{1}{2}\boldsymbol{B}_m^{e^-j^+} \\
0 & 0 & 0 & 0 & -\frac{1}{2}\boldsymbol{B}_m^{j^-e^-} & -\frac{1}{2}\boldsymbol{D}_m^{j^-j^-} & \frac{1}{2}\boldsymbol{B}_m^{j^-e^+} & \frac{1}{2}\boldsymbol{D}_m^{j^-j^+}
\end{bmatrix}
\begin{Bmatrix}
E_m^{\mathrm{I}} \\ E_m^{\Gamma} \\ \bar{j}_m^{\Gamma} \\ \rho_m^{\Gamma} \\ E_m^{-} \\ \bar{j}_m^{-} \\ e_m^{+} \\ \bar{j}_m^{+}
\end{Bmatrix}
$$

$$
= \sum_{n \in \{m\text{的相邻子区域}\}}
\begin{bmatrix}
0 & 0 & 0 & 0 & 0 & 0 & 0 & 0 \\
0 & 0 & 0 & 0 & 0 & 0 & 0 & 0 \\
0 & \boldsymbol{B}_{m,n}^{j^\Gamma e^\Gamma} & \boldsymbol{D}_{m,n}^{j^\Gamma j^\Gamma} & \boldsymbol{F}_{m,n}^{j^\Gamma \rho^\Gamma} & 0 & 0 & 0 & 0 \\
0 & 0 & 0 & 0 & 0 & 0 & 0 & 0 \\
0 & 0 & 0 & 0 & 0 & 0 & 0 & 0 \\
0 & 0 & 0 & 0 & 0 & 0 & 0 & 0
\end{bmatrix}
\begin{Bmatrix}
E_n^{\mathrm{I}} \\ E_n^{\Gamma} \\ \bar{j}_n^{\Gamma} \\ \rho_n^{\Gamma} \\ E_n^{-} \\ \bar{j}_n^{-} \\ e_n^{+} \\ \bar{j}_n^{+}
\end{Bmatrix}
\tag{7.42}
$$

这里需要强调的是，在方程式（7.42）获得过程中，首先在方程式（7.22）和（7.27）的等号两边分别乘以 $-\frac{1}{2}$，目的是和后面 BI 部分的离散矩阵呼应，使组合而成的完整矩阵具有较好的对称性，有利于改善最终方程的性态。此外，式（7.18）中的 $\boldsymbol{B}_m^{e^-j^-}$ 矩阵由于式（7.27）的加入已剩下 1/2，体现在式（7.42）中的第 5 行，而且 $\boldsymbol{K}_m$ 根据电场 $\boldsymbol{E}_m$ 的位置分类分解为

$$
[\boldsymbol{K}_m] = \begin{bmatrix}
\boldsymbol{K}_m^{\mathrm{II}} & \boldsymbol{K}_m^{\mathrm{I}\Gamma} & \boldsymbol{K}_m^{\mathrm{I}-} \\
\boldsymbol{K}_m^{\Gamma\mathrm{I}} & \boldsymbol{K}_m^{\Gamma\Gamma} & \boldsymbol{K}_m^{\Gamma-} \\
\boldsymbol{K}_m^{-\mathrm{I}} & \boldsymbol{K}_m^{-\Gamma} & \boldsymbol{K}_m^{--}
\end{bmatrix}
\tag{7.43}
$$

（2）FE－BI 子区域中 BI 部分所涉方程离散。

下面对任意 FE－BI 子区域中 BI 面所涉及的方程进行离散。首先采用 RWG 基函数 $\boldsymbol{g}_m^+$ 作为试函数通过伽略金匹配方法对边界积分方程式（7.2）和反对称型内罚传输条件方程式（7.16）进行数值离散，获得

$$[\boldsymbol{P}_m^{j^+e^+}]\{e_m^+\}+[\boldsymbol{Q}_m^{j^+j^+}]\{\bar{j}_m^+\}+\sum_{n\neq m}([\boldsymbol{P}_{m,n}^{j^+e^+}]\{e_n^+\}+[\boldsymbol{Q}_{m,n}^{j^+j^+}]\{\bar{j}_n^+\})=\{b_m^{j^+}\} \tag{7.44}$$

其中

$$[\boldsymbol{P}_m^{j^+e^+}]=-\frac{1}{2}\langle\boldsymbol{g}_m^+,(\boldsymbol{N}_m^+)^{\mathrm{T}}\rangle_{\partial\Omega_m^+}+\langle\boldsymbol{g}_m^+,\hat{\boldsymbol{n}}_m^+\times\tilde{\boldsymbol{L}}(\boldsymbol{g}_m^+)^{\mathrm{T}}-\tilde{\boldsymbol{K}}(\boldsymbol{g}_m^+)^{\mathrm{T}}\rangle_{\partial\Omega_m^+} \tag{7.45}$$

$$\begin{aligned}[\boldsymbol{Q}_m^{j^+j^+}]=&-\frac{1}{2}\langle\boldsymbol{g}_m^+,(\boldsymbol{g}_m^+)^{\mathrm{T}}\rangle_{\partial\Omega_m^+}+\langle\boldsymbol{g}_m^+,\tilde{\boldsymbol{L}}(\boldsymbol{g}_m^+)^{\mathrm{T}}+\hat{\boldsymbol{n}}_m^+\times\tilde{\boldsymbol{K}}(\boldsymbol{g}_m^+)^{\mathrm{T}}\rangle_{\partial\Omega_m^+}+\\&\frac{\beta'}{k_0}\langle\boldsymbol{g}_m^+,(\hat{\boldsymbol{t}}_m\cdot\boldsymbol{g}_m^+)^{\mathrm{T}}\rangle_{C_m}+\frac{1}{2\mathrm{j}k_0}\left\langle\int_{\partial\Omega_m^+}(\nabla_\tau\cdot\boldsymbol{g}_m^+)G(\boldsymbol{r},\boldsymbol{r}')\mathrm{d}S',(\hat{\boldsymbol{t}}_m\cdot\boldsymbol{g}_m^+)^{\mathrm{T}}\right\rangle_{C_m}\end{aligned} \tag{7.46}$$

$$[\boldsymbol{P}_{m,n}^{j^+e^+}]=\sum_{n\neq m}\langle\boldsymbol{g}_m^+,\hat{\boldsymbol{n}}_m^+\times\tilde{\boldsymbol{L}}(\boldsymbol{g}_n^+)^{\mathrm{T}}-\tilde{\boldsymbol{K}}(\boldsymbol{g}_n^+)^{\mathrm{T}}\rangle_{\partial\Omega_m^+} \tag{7.47}$$

$$\begin{aligned}[\boldsymbol{Q}_{m,n}^{j^+j^+}]=&\sum_{n\neq m}\langle\boldsymbol{g}_m^+,\tilde{\boldsymbol{L}}(\boldsymbol{g}_n^+)^{\mathrm{T}}+\hat{\boldsymbol{n}}_m^+\times\tilde{\boldsymbol{K}}(\boldsymbol{g}_n^+)^{\mathrm{T}}\rangle_{\partial\Omega_m^+}-\\&\sum_{n\neq m}\left(\frac{\beta'}{k_0}\langle\boldsymbol{g}_m^+,(\hat{\boldsymbol{t}}_{m,n}\cdot\boldsymbol{g}_n^+)^{\mathrm{T}}\rangle_{C_{m,n}}\right)-\\&\sum_{n\neq m}\left(\frac{1}{2\mathrm{j}k_0}\left\langle\int_{\partial\Omega_m^+}(\nabla_\tau\cdot\boldsymbol{g}_m^+)G(\boldsymbol{r},\boldsymbol{r}')\mathrm{d}S',(\hat{\boldsymbol{t}}_{m,n}\cdot\boldsymbol{g}_n^+)^{\mathrm{T}}\right\rangle_{C_{m,n}}\right)\end{aligned} \tag{7.48}$$

$$\{b_m^{j^+}\}=\langle\boldsymbol{g}_m^+,-\boldsymbol{\pi}_t(\boldsymbol{E}_m^{\mathrm{inc}})-\boldsymbol{\pi}_\times(\overline{\boldsymbol{H}}_m^{\mathrm{inc}})\rangle_{\partial\Omega_m^+} \tag{7.49}$$

再采用 $\boldsymbol{N}_m^+$ 作为试函数通过伽略金匹配方法对边界积分方程式（7.2）和反对称型内罚传输条件式（7.17）进行数值离散，获得

$$[\boldsymbol{Q}_m^{e^+e^+}]\{e_m^+\}+[\boldsymbol{P}_m^{e^+j^+}]\{\bar{j}_m^+\}+\sum_{n\neq m}([\boldsymbol{Q}_{m,n}^{e^+e^+}]\{e_n^+\}+[\boldsymbol{P}_{m,n}^{e^+j^+}]\{\bar{j}_n^+\})=\{b_m^{e^+}\} \tag{7.50}$$

其中

$$[\boldsymbol{Q}_m^{e^+e^+}] = -\frac{1}{2}\langle \boldsymbol{N}_m^+, (\boldsymbol{N}_m^+)^{\mathrm{T}}\rangle_{\partial\Omega_m^+} + \langle \boldsymbol{N}_m^+, \hat{\boldsymbol{n}}_m^+ \times \tilde{\boldsymbol{L}}(\boldsymbol{g}_m^+)^{\mathrm{T}} - \tilde{\boldsymbol{K}}(\boldsymbol{g}_m^+)^{\mathrm{T}}\rangle_{\partial\Omega_m^+} + \frac{\beta'}{k_0}\langle \boldsymbol{g}_m^+, (\hat{\boldsymbol{t}}_m \cdot \boldsymbol{g}_m^+)^{\mathrm{T}}\rangle_{C_m} + \frac{1}{2\mathrm{j}k_0}\left\langle \int_{\partial\Omega_m^+} (\nabla_\tau \cdot \boldsymbol{g}_m^+) G(\boldsymbol{r},\boldsymbol{r}')\mathrm{d}S', (\hat{\boldsymbol{t}}_m \cdot \boldsymbol{g}_m^+)^{\mathrm{T}} \right\rangle_{C_m} \tag{7.51}$$

$$[\boldsymbol{P}_m^{e^+j^+}] = -\frac{1}{2}\langle \boldsymbol{N}_m^+, (\boldsymbol{g}_m^+)^{\mathrm{T}}\rangle_{\partial\Omega_m^+} + \langle \boldsymbol{N}_m^+, \tilde{\boldsymbol{L}}(\boldsymbol{g}_m^+)^{\mathrm{T}} + \hat{\boldsymbol{n}}_m^+ \times \tilde{\boldsymbol{K}}(\boldsymbol{g}_m^+)^{\mathrm{T}}\rangle_{\partial\Omega_m^+} \tag{7.52}$$

$$\begin{aligned}[\boldsymbol{Q}_{m,n}^{e^+e^+}] = & \sum_{n\neq m}\langle \boldsymbol{N}_m^+, \hat{\boldsymbol{n}}_m^+ \times \tilde{\boldsymbol{L}}(\boldsymbol{g}_n^+)^{\mathrm{T}} - \tilde{\boldsymbol{K}}(\boldsymbol{g}_n^+)^{\mathrm{T}}\rangle_{\partial\Omega_m^+} - \\ & \sum_{n\neq m}\left(\frac{\beta'}{k_0}\langle \boldsymbol{g}_m^+, (\hat{\boldsymbol{t}}_{m,n} \cdot \boldsymbol{g}_n^+)^{\mathrm{T}}\rangle_{C_{m,n}}\right) - \\ & \sum_{n\neq m}\left(\frac{1}{2\mathrm{j}k_0}\left\langle \int_{\partial\Omega_m^+} (\nabla_\tau \cdot \boldsymbol{g}_m^+) G(\boldsymbol{r},\boldsymbol{r}')\mathrm{d}S', (\hat{\boldsymbol{t}}_{m,n} \cdot \boldsymbol{g}_n^+)^{\mathrm{T}} \right\rangle_{C_{m,n}}\right)\end{aligned} \tag{7.53}$$

$$[\boldsymbol{P}_{m,n}^{e^+j^+}] = \sum_{n\neq m}\langle \boldsymbol{N}_m^+, \tilde{\boldsymbol{L}}(\boldsymbol{g}_n^+)^{\mathrm{T}} + \hat{\boldsymbol{n}}_m^+ \times \tilde{\boldsymbol{K}}(\boldsymbol{g}_n^+)^{\mathrm{T}}\rangle_{\partial\Omega_m^+} \tag{7.54}$$

$$\{b_m^{e^+}\} = \langle \boldsymbol{N}_m^+, -\boldsymbol{\pi}_{\mathrm{t}}(\boldsymbol{E}_m^{\mathrm{inc}}) - \boldsymbol{\pi}_\times(\overline{\boldsymbol{H}}_m^{\mathrm{inc}})\rangle_{\partial\Omega_m^+} \tag{7.55}$$

值得注意的是，在上述离散过程中用到了 $\boldsymbol{N}_m^+$ 和 $\boldsymbol{g}_m^+$ 的关系式 $\boldsymbol{N}_m^+ \times \hat{\boldsymbol{n}}_m^+ = \boldsymbol{g}_m^+$，而且为了获得对角占优的式（7.50），需要在式（7.17）等号两边同时乘上 $\hat{\boldsymbol{n}}_m^+$。

然后对任意 FE - BI 子区域中 $\partial\Omega_m^+$ 上的 Robin 型传输条件式（7.4）进行离散。该方程的离散方法与方程（7.3）相同，分别采用 $\boldsymbol{g}_m^+$ 和 $\boldsymbol{N}_m^+$ 进行两次离散，获得

$$[\boldsymbol{B}_m^{j^+e^+}]\{E_m^+\} + [\boldsymbol{D}_m^{j^+j^+}]\{\bar{j}_m^+\} = [\boldsymbol{B}_m^{j^+e^-}]\{E_m^-\} + [\boldsymbol{D}_m^{j^+j^-}]\{\bar{j}_m^-\} \tag{7.56}$$

其中

$$[\boldsymbol{B}_m^{j^+e^+}] = \mathrm{j}k_0\langle \boldsymbol{g}_m^+, (\boldsymbol{N}_m^+)^{\mathrm{T}}\rangle_{\partial\Omega_m^+} \tag{7.57}$$

$$[\boldsymbol{D}_m^{j^+j^+}] = -\mathrm{j}k_0\langle \boldsymbol{g}_m^+, (\boldsymbol{g}_m^+)^{\mathrm{T}}\rangle_{\partial\Omega_m^+} \tag{7.58}$$

$$[\boldsymbol{B}_m^{j^+e^-}] = \mathrm{j}k_0\langle \boldsymbol{g}_m^+, (\boldsymbol{N}_m^-)^{\mathrm{T}}\rangle_{\partial\Omega_m^+} \tag{7.59}$$

$$[\boldsymbol{D}_m^{j^+j^-}] = \mathrm{j}k_0 \langle \boldsymbol{g}_m^+, (\boldsymbol{g}_m^-)^{\mathrm{T}} \rangle_{\partial\Omega_m^+} \tag{7.60}$$

还有

$$[\boldsymbol{D}_m^{e^+e^+}]\{E_m^+\} + [\boldsymbol{B}_m^{e^+j^+}]\{\bar{j}_m^+\} = [\boldsymbol{D}_m^{e^+e^-}]\{E_m^-\} + [\boldsymbol{B}_m^{e^+j^-}]\{\bar{j}_m^-\} \tag{7.61}$$

其中

$$[\boldsymbol{D}_m^{e^+e^+}] = \mathrm{j}k_0 \langle \boldsymbol{N}_m^+, (\boldsymbol{N}_m^+)^{\mathrm{T}} \rangle_{\partial\Omega_m^+} \tag{7.62}$$

$$[\boldsymbol{B}_m^{e^+j^+}] = -\mathrm{j}k_0 \langle \boldsymbol{N}_m^+, (\boldsymbol{g}_m^+)^{\mathrm{T}} \rangle_{\partial\Omega_m^+} \tag{7.63}$$

$$[\boldsymbol{D}_m^{e^+e^-}] = \mathrm{j}k_0 \langle \boldsymbol{N}_m^+, (\boldsymbol{N}_m^-)^{\mathrm{T}} \rangle_{\partial\Omega_m^+} \tag{7.64}$$

$$[\boldsymbol{B}_m^{e^+j^-}] = \mathrm{j}k_0 \langle \boldsymbol{N}_m^+, (\boldsymbol{g}_m^-)^{\mathrm{T}} \rangle_{\partial\Omega_m^+} \tag{7.65}$$

最后将方程（7.44），（7.50），（7.56）和（7.61）联立获得关于 FE－BI 子区域中 BI 部分的矩阵方程，即

$$\begin{bmatrix} 0 & 0 & 0 & 0 & \frac{1}{2}\boldsymbol{D}_m^{e^+e^-} & \frac{1}{2}\boldsymbol{B}_m^{e^+j^-} & -\frac{1}{2}\boldsymbol{D}_m^{e^+e^+} + \boldsymbol{Q}_m^{e^+e^+} & -\frac{1}{2}\boldsymbol{B}_m^{e^+j^+} + \boldsymbol{P}_m^{e^+j^+} \\ 0 & 0 & 0 & 0 & \frac{1}{2}\boldsymbol{B}_m^{j^+e^-} & \frac{1}{2}\boldsymbol{D}_m^{j^+j^-} & -\frac{1}{2}\boldsymbol{B}_m^{j^+e^+} + \boldsymbol{P}_m^{j^+e^+} & -\frac{1}{2}\boldsymbol{D}_m^{j^+j^+} + \boldsymbol{Q}_m^{j^+j^+} \end{bmatrix} \begin{Bmatrix} E_m^{\mathrm{I}} \\ E_m^{\Gamma} \\ \bar{j}_m^{\Gamma} \\ \rho_m^{\Gamma} \\ E_m^- \\ \bar{j}_m^- \\ e_m^+ \\ \bar{j}_m^+ \end{Bmatrix}$$

$$+ \sum_{n \neq m} \begin{bmatrix} 0 & 0 & 0 & 0 & 0 & 0 & \boldsymbol{Q}_{m,n}^{e^+e^+} & \boldsymbol{P}_{m,n}^{e^+j^+} \\ 0 & 0 & 0 & 0 & 0 & 0 & \boldsymbol{P}_{m,n}^{j^+e^+} & \boldsymbol{Q}_{m,n}^{j^+j^+} \end{bmatrix} \begin{Bmatrix} E_n^{\mathrm{I}} \\ E_n^{\Gamma} \\ \bar{j}_n^{\Gamma} \\ \rho_n^{\Gamma} \\ E_n^- \\ \bar{j}_n^- \\ e_n^- \\ \bar{j}_n^- \end{Bmatrix} = \begin{Bmatrix} 0 \\ 0 \\ 0 \\ 0 \\ 0 \\ 0 \\ b_m^{e^+} \\ b_m^{j^+} \end{Bmatrix} \tag{7.66}$$

7.4.3 Schwarz 预条件和系统矩阵方程

显然，将线性方程（7.42）和（7.66）联立便可获得关于任意 FE－BI 子区域的完备方程，进一步将所有 FE－BI 子区域的方程累加就获得了最终的非共形模块型区域分解合元极方法的系统方程，为了清晰起见，写成下面的紧凑形式

$$\begin{bmatrix} \boldsymbol{A}_1 & \boldsymbol{C}_{12} \\ \boldsymbol{C}_{21} & \boldsymbol{A}_2 \end{bmatrix} \begin{Bmatrix} \boldsymbol{x}_1 \\ \boldsymbol{x}_2 \end{Bmatrix} = \begin{Bmatrix} \boldsymbol{b}_1 \\ \boldsymbol{b}_2 \end{Bmatrix} \tag{7.67}$$

在式（7.67）中，$[\boldsymbol{A}_m]$为第 m 个 FE－BI 子区域自己的矩阵；$[\boldsymbol{C}_{mn}]$为两个不同 FE－BI 子区域的耦合矩阵。

基于式（7.67）的矩阵形式，进一步提取其中的对角线上的子矩阵块来构建一个非重叠型的 Schwarz 预条件矩阵 $\boldsymbol{P}^{-1}$，具体形式如下

$$\boldsymbol{P}^{-1} = \begin{bmatrix} \boldsymbol{A}_1^{-1} & 0 \\ 0 & \boldsymbol{A}_2^{-1} \end{bmatrix} \tag{7.68}$$

然后使用上面的预处理矩阵对方程式（7.67）实施右预处理，获得最终的经过预处理后的方程为

$$\begin{bmatrix} \boldsymbol{I}_1 & \boldsymbol{C}_{12}\boldsymbol{A}_2^{-1} \\ \boldsymbol{C}_{21}\boldsymbol{A}_1^{-1} & \boldsymbol{I}_2 \end{bmatrix} \begin{Bmatrix} \boldsymbol{u}_1 \\ \boldsymbol{u}_2 \end{Bmatrix} = \begin{Bmatrix} \boldsymbol{b}_1 \\ \boldsymbol{b}_2 \end{Bmatrix} \tag{7.69}$$

这里借助于 $\boldsymbol{u}_m = \boldsymbol{A}_m \boldsymbol{x}_m$。在本节中，我们采用 Krylove 子空间方法迭代求解经过预处理后的系统方程（7.69）。当获得 $\boldsymbol{u}_m$ 以后，再通过 $\boldsymbol{x}_m = \boldsymbol{A}_m^{-1}\boldsymbol{u}_m$ 获得每一个 FE－BI 子区域的未知系数的值，完成问题的求解。另外，通过区域分解后，$\boldsymbol{A}_m$ 的矩阵维度较小，因此这里可采用直接求解方法获得 $\boldsymbol{A}_m^{-1}$。

7.5　数值算例

这一节将通过一系列的数值实验对本章提出的非共形模块型区域分解合元极方法的数值性能进行详细的研究。首先，通过计算一个球体介质目标和单极子天线来验证该方法的正确性。随后，对该方法的收敛性和相对于目标电大尺寸的可扩展性进行研究。最后，通过计算现实中人们感兴趣的电磁问题来展示该方法的计算能力。

尝试采用广义共轭余量（generalized conjugate redidual，GCR）迭代求解器来求解方程式（7.69），并采用多层快速多极子算法加速边界积分方程所涉及的稠密矩阵和矢量的相乘运算。此外，本节采用灵活且稳定的多波前大规模并行稀疏矩阵直接求解器（MUMPS）计算 Schwarz 预处理矩阵中的子矩阵的逆。在子区域比较大的情况下，子区域矩阵的逆也可以通过迭代方法获得。所有的数值实验是在一个具有 2 个 Intel Xeon E5 – 2660 处理器和 256 GB 内存的工作站上实现的。

7.5.1　均匀介质球散射

首先以一个均匀介质球的散射问题对本章提出的非共形模块型区域分解合元极方法的准确性进行验证。这个介质球的半径为 1.0 m，相对介电常数为 2.0。平面波的频率为 0.3 GHz。首先采用尺寸为 $h=\lambda_0/20$ 的四面体网格对介质球进行离散，然后将产生的四面体网格分别分解为 8，12 和 16 个均匀子区域，最后采用本章提出的区域分解合元极方法进行计算。图 7.4 展示了本章所提出方法获得的双站 RCS 与 Mie 级数展开的解析法计算结果的对比情况。显然，在不同区域划分的情况下，本章所提方法得到的数值结果与理论解都吻合非常好，有力地证明了该方法的正确性。

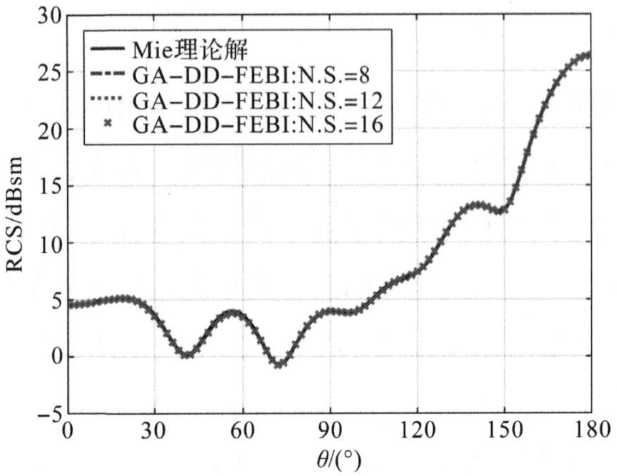

图 7.4 一个均匀介质球的 VV 极化双站 RCS（N. S. 表示子区域数目）

7.5.2 双单极子天线辐射

以安装于金属板上的两个单极子天线辐射问题为例进一步验证该非共形模块型区域分解合元极方法的正确性。该目标模型如图 7.5（a）所示，其中虚线为边界积分截断面，两个单极子的详细结构如图 7.5（b）所示，具体尺寸见表 7.1。

为了使用本章方法进行计算，将该目标沿金属板边长平均分成两个区域，每个区域包含一个天线。对于任意一个子区域，内部有限元部分大部分采用平均边长为 5 mm 的四面体进行剖分，同轴部分采用自适应的剖分，外部边界积分面采用平均边长为 10 mm 的三角形进行剖分，最终四面体和三角形数量分别为 607 379 和 19 042。图 7.6 展示出了两个子区域和其边界积分面上的网格。在馈电截面上采用波导边界条件[10-11]对长单极子进行激励，而短单极子进行接收。工作频率从 1 GHz 到 3 GHz，等间隔采用 31 个频点进行仿真。经过本章方法计算所得的长单极子的 S11 与短单极子的 S12 随频率的变化曲线如图 7.7 所示，并与文献[12]中给出的测量值进行了对比。显然，本章所提方法的计算结果与测量值吻合很好，再次验证了其正确性。

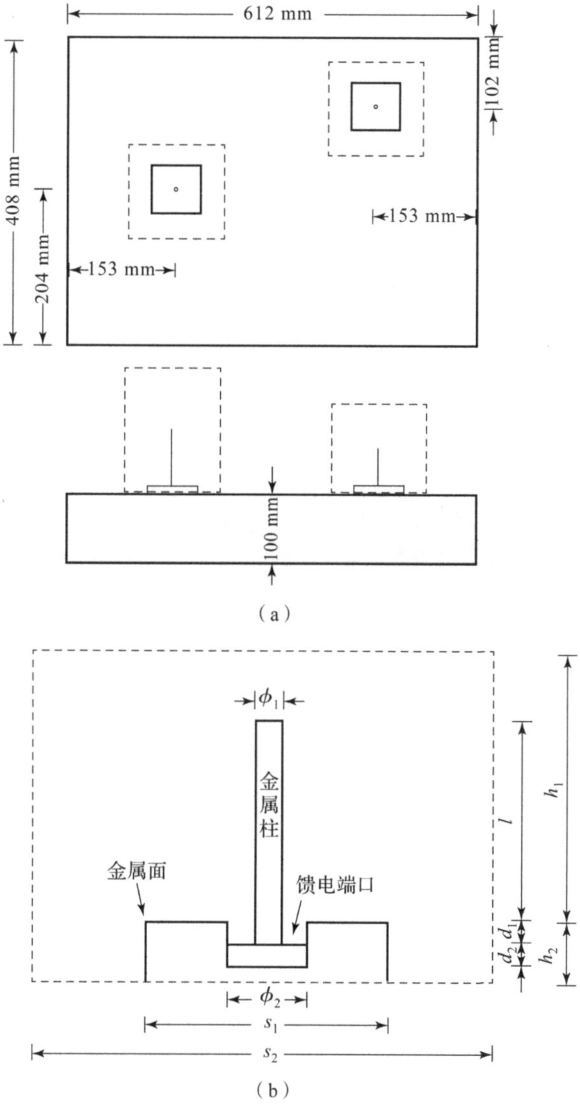

图 7.5　安装于金属板上的两个单极子天线

(a) 具体位置与总体尺寸；(b) 单极子详细结构

表 7.1　长短两个单极子天线的尺寸

尺寸	长单极子	短单极子
ϕ_1	1.574 8 mm	1.574 8 mm
ϕ_2	3.627 0 mm	3.627 0 mm
s_1	60.0 mm	60.0 mm
s_2	96.0 mm	96.0 mm
l	127.5 mm	76.5 mm
d_1	1.25 mm	1.25 mm
d_2	1.25 mm	1.25 mm
h_1	153.0 mm	91.8 mm
h_2	3.75 mm	3.75 mm

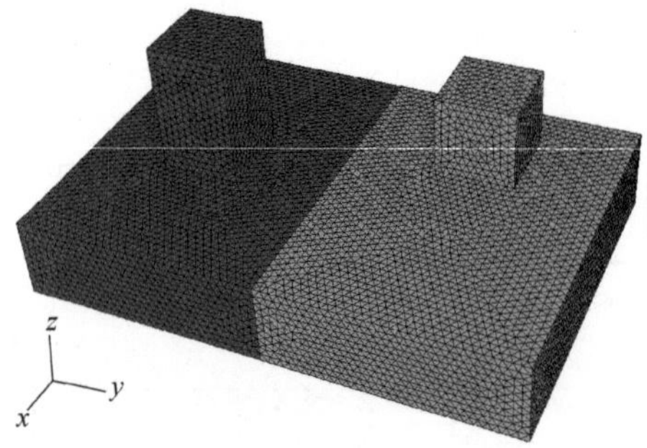

图 7.6　安装于金属板上的两个单极子天线模型分解为两个子区域

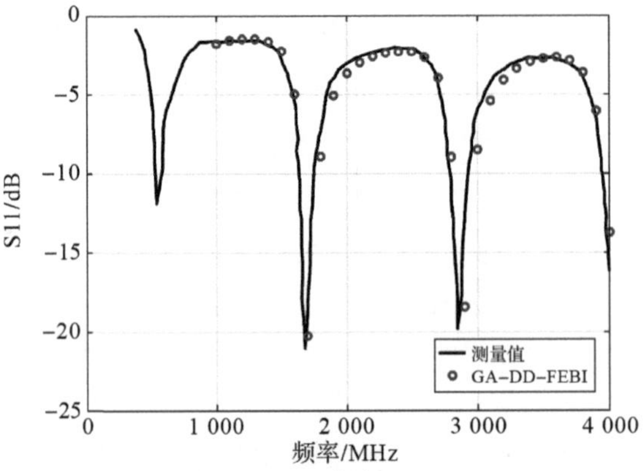

(a)

图 7.7　安装于金属板上的两个单极子天线的 S 参数

(a) 长单极子 S11

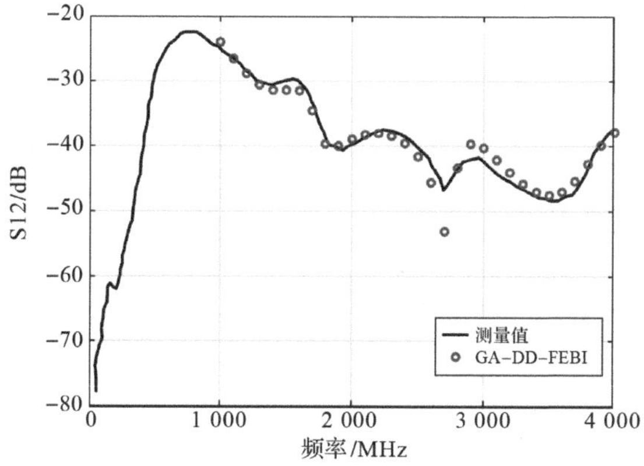

(b)

图 7.7　安装于金属板上的两个单极子天线的 S 参数（续）

(b) 短单极子 S12

7.5.3　均匀介质立方块散射

通过与两种现有方法进行对比来研究该非共形模块型区域分解合元极方法。这两种现有方法分别为文献[13]中提出的基于区域对角块预处理的 FE－BI 方法（DDB－FEBI）和本书第 6 章提出的基于 CE－DTC 的非共形 FETI－DP 型区域分解合元极方法（FETIDP－FEBI）。分别使用这 3 种方法计算一个边长为 1.0 m、相对介电常数为 2.0 的均匀介质立方块的双站散射。入射平面波的频率为 0.3 GHz，入射角度为 $\theta = 0°$，$\varphi = 0°$。在所有方法中，网格的平均尺寸为 $h = \lambda_0/20$。

对于 GA－DD－FEBI，将整个目标使用横截面分解为 8 个相同大小的 FE－BI 子区域。对于 FETIDP－FEBI，将整个目标分解为一个外部 BI 区域和 8 个相同大小的内部 FE 区域。对于 DDB－FEBI 方法，只是将整个目标分解为一个外部 BI 区域和一个内部 FE 区域。为了直观起见，不同方法的区域分解策略由图 7.8 展示。

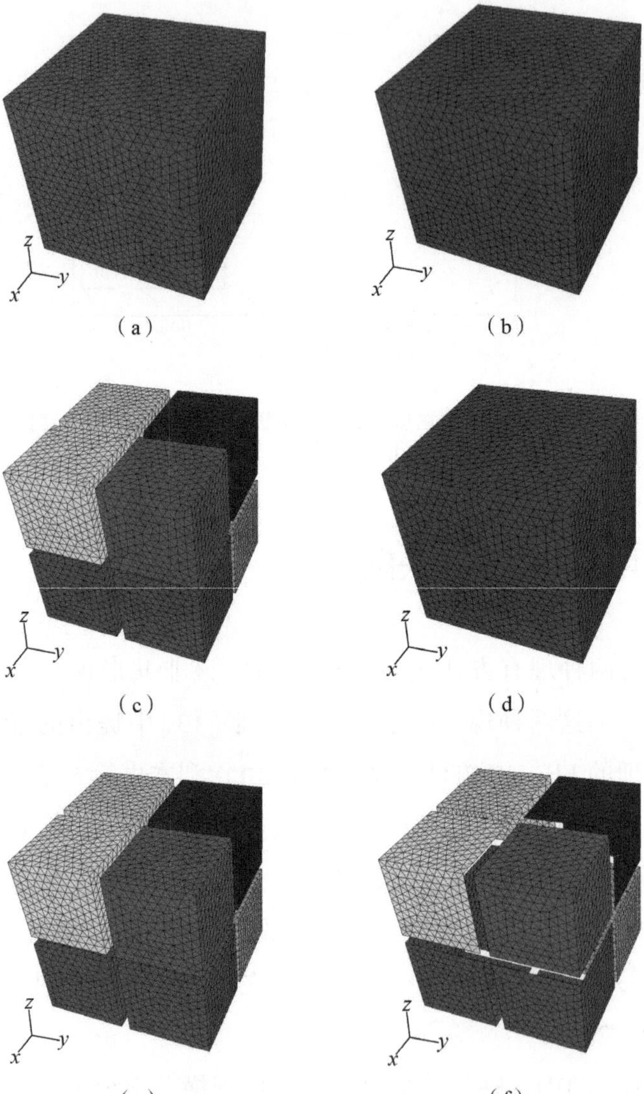

图 7.8 不同区域分解合元极方法的区域分解策略

(a) DDB – FEBI，FE 部分；(b) DDB – FEBI，BI 部分；
(c) FETIDP – FEBI，FE 部分；(d) FETIDP – FEBI，BI 部分；
(e) GA – DD – FEBI，FE 部分；(f) GA – DD – FEBI，BI 部分

上述3种方法计算所得双站RCS如图7.9所示，其计算过程中的收敛曲线如图7.10所示。另外，它们在计算过程中的主要资源使用情况见表7.2。从图7.9可以看出，3种不同方法计算所得的结果非常吻合。图7.10表明，GA - DD - FEBI方法的收敛性远远好于FETIDP - FEBI方法，并且几乎与DDB - FEBI方法的收敛性相当。此外，表7.2表明，GA - DD - FEBI方法的内存和时间消耗要比DDB - FEBI方法少很多。

表7.2 不同方法在计算一个介质立方块散射时的资源消耗情况

方法	未知数(FE/BI)	迭代步数	最大内存消耗/GB	计算总时间/s
DDB - FEBI	95 754/16 656	69	15.95	379
FETIDP - FEBI	100 784/16 560	304	1.09	267
GA - DD - FEBI	113 272/17 040	69	4.34	131

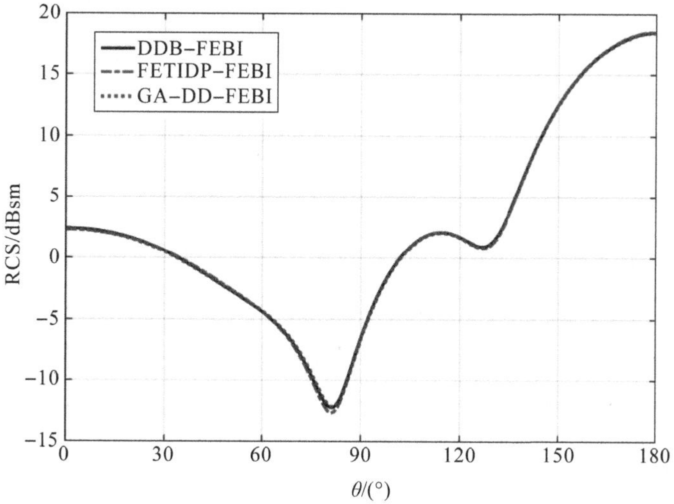

图7.9 一个介质立方块在 xz 平面上的HH极化双站RCS

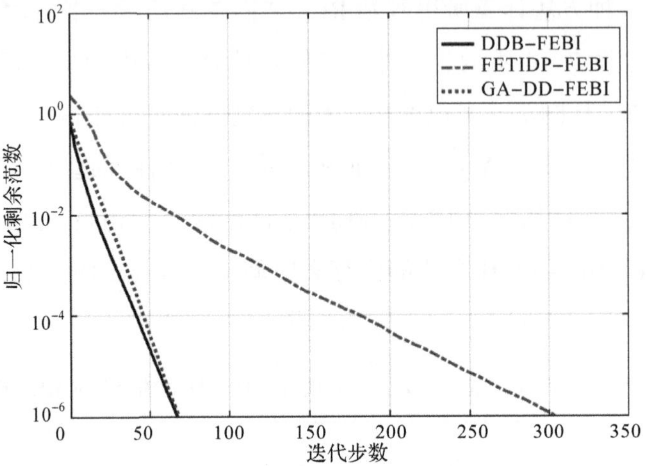

图 7.10 不同区域分解合元极方法计算一个介质立方块时的收敛曲线

7.5.4 均匀介质涂覆球散射

通过不同尺寸的均匀介质涂覆球的散射问题进一步研究该非共形模块型区域分解合元极方法相对于问题规模的可扩展性，主要从迭代收敛性、计算时间和内存消耗三方面进行考量。涂覆球的涂覆厚度保持为 0.1 m，相对介电常数为 2.0。内部金属球的半径从 0.5 m、1.0 m、2.0 m 增加到 3.0 m。将介质部分采用平均边长为 $h=\lambda_0/20$ 的四面体网格进行剖分，随后将 4 个不同尺寸目标的四面体网格分别分解为 2、8、32 和 72 个子区域。平面波的频率为 0.3 GHz，从 $\theta=0°$，$\varphi=0°$入射。

该非共形模块型区域分解合元极方法对于不同涂覆球的迭代收敛曲线绘于图 7.11。图 7.11 表明，该方法随着问题规模的增大，所需迭代步数增加得很少，迭代收敛性没有明显变化。如图 7.12（a）所示，自动区域分解技术会导致不规则的子区域交界面和交界轮廓，这会给区域分解方法的计算带来不小的难度。但是，通过图 7.12（b）和图 7.12（c）所示的表面电流磁流分布可以看到，在子区域交界处的电流磁流具有正确的法向连续性，这有力地证明了该非共形模块型区域分解合元极方法的稳定性和有效性。

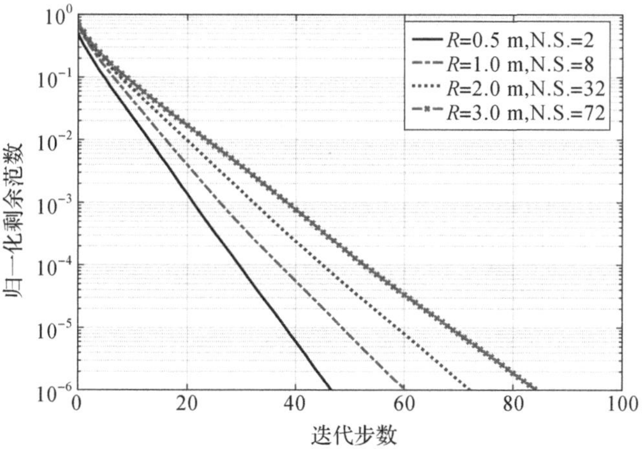

图 7.11　非共形模块型区域分解合元极方法对于不同尺寸涂覆球的收敛曲线

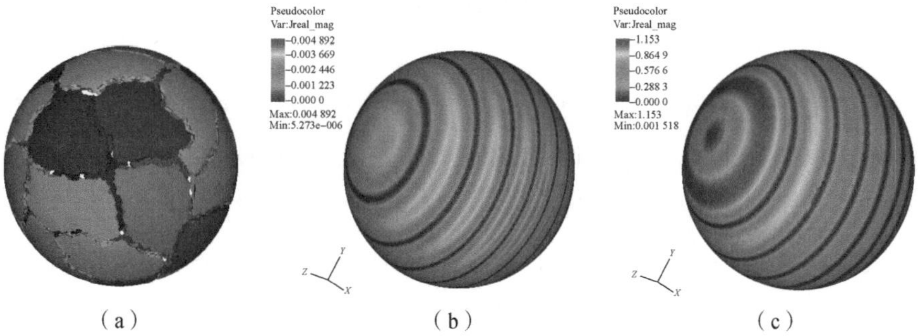

图 7.12　被分解为 32 个子区域的半径为 2 λ_0 的涂覆球的电磁散射结果

(a) 区域分解；(b) 表面电流分布；(c) 表面磁流分布

通过迭代步数、内存消耗和计算时间随问题规模增大的增长率（见图 7.13），对该方法的计算复杂度进行测试。图 7.13 表明，当子区域的尺寸一定时，所需内存和计算时间相对于问题规模的增大呈线性增长。值得注意的是，第一个点处是半径为 0.5 m 的涂覆球，由于目标电尺寸较小，BI 部分的计算消耗主要取决于近场满阵，MLFMA 的作用不那么明显，所以导致内存消耗和计算时间曲线在后面出现微小的转折。这个测试表明本章提出的非共形模块型区域分解合元极方法具有类似线性的计算复杂度，具有计算电大目标的潜力。

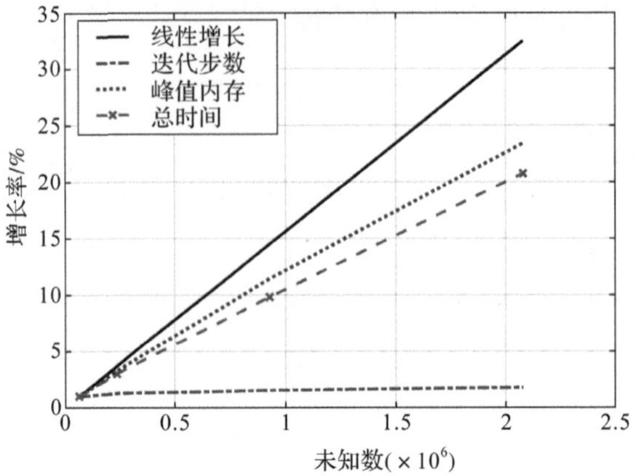

图 7.13 迭代步数、内存消耗和计算时间随问题规模增大的变化曲线

7.5.5 狭缝型频率选择表面散射

下面将使用该非共形模块型区域分解合元极方法计算人们感兴趣的现实电磁问题来展示其计算能力。首先考虑的目标是经常在电磁工程中被用于反射或吸收某种频率下电磁波的频率选择表面（FSS）。本次实验将考虑一个大规模埋于多层介质中的狭缝型 FSS 阵列在平面波照射下的散射问题。该狭缝型 FSS 单元的几何结构和材料配置如图 7.14（a）所示，在无限大阵列情况下的透射系数如图 7.14（b）[8] 所示。图7.14（b）表明该FSS 的谐振频率为9.0 GHz，可认为是一个带通滤波器。

本节考虑的 FSS 阵列规模为 45 ×30。得益于该模型的周期性，这 1 350 个FSS 单元可以归类为 9 种不同的 FE－BI 特征子区域，如图 7.15 所示。图中灰色代表内部的 FE 区域，蓝色代表外部 BI 区域。只需将这 9 种特征子区域进行剖分，然后根据周期性将其聚集获得整个计算区域的网格。特别的，这种利用特征子区域的方式已经在区域分解有限元方法中采用，但这是第一次可以应用于合元极方法中。此外，利用该方法非共形的特点，子区域 FE 部分和 BI 部分进行单独剖分。FE 部分的网格尺寸为 $h=\lambda_0/34$，BI 部分的网格尺寸为 $h=\lambda_0/16$。

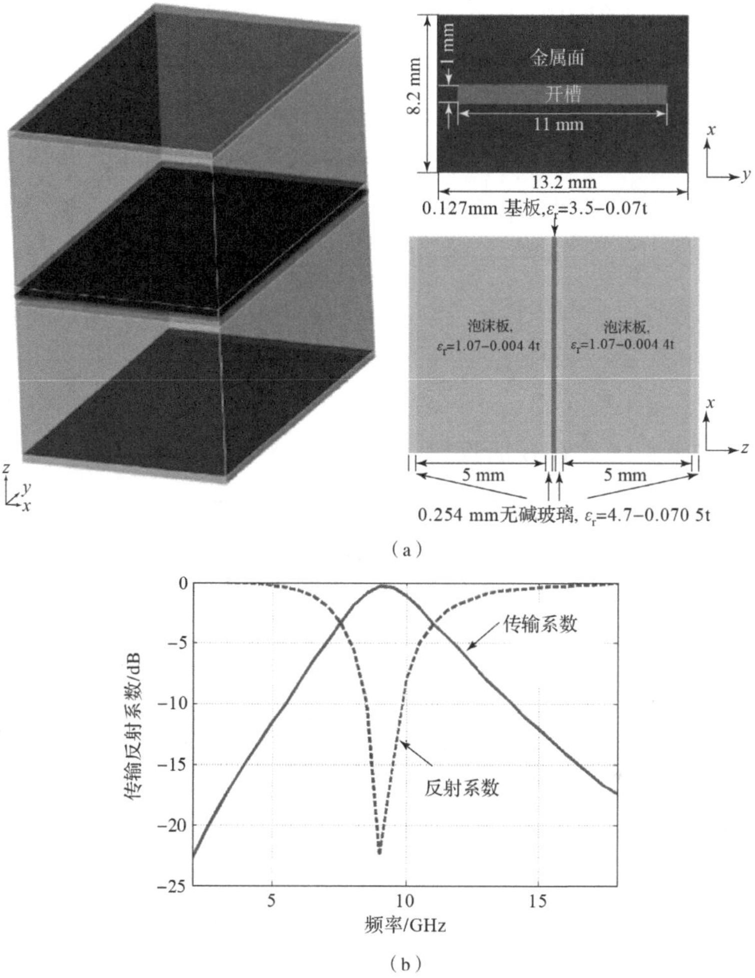

图 7.14　狭缝型 FSS 单元的几何结构、材料配置和透射系数

（a）FSS 单元；（b）透射系数

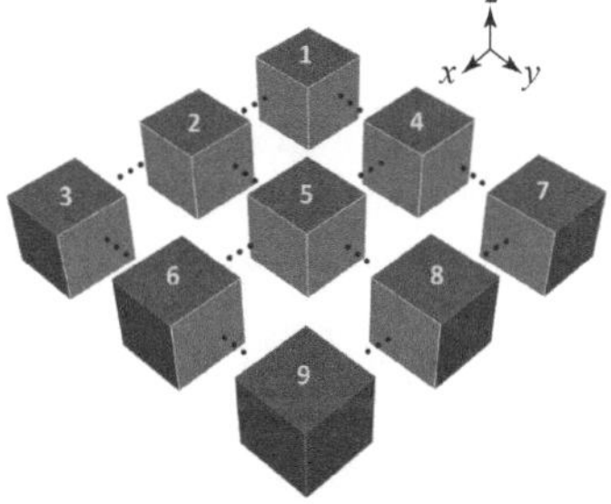

图 7.15　大规模 FSS 二维阵列中 9 种不同的 FE－BI 特征子区域（附彩插）

平面波的入射角度为 $\theta=0°$，$\varphi=0°$，电场沿 $\hat{\boldsymbol{x}}$ 方向。为了研究该FSS的频选特性，将考虑两个频率：9.0 GHz 和 15.0 GHz。另外，还计算一个金属平板作为参考，即将FSS中的狭缝用PEC填满。在具体计算时，以一个 3×2 小阵列作为一个子区域，因此一共获得225个FE-BI子区域。非共形模块型区域分解合元极方法计算过程中的详细计算信息见表7.3。对于所有的计算，该方法的计算资源消耗比较适中，而且只需很少的迭代步数便可以收敛到 10^{-3}。该方法计算获得的金属平板和狭缝型FSS阵列在两个频率下的双站RCS如图7.16所示。显然，计算结果完全符合FSS在不同频率下的物理现象：在9.0 GHz时透射，而在15.0 GHz时反射。

表7.3 非共形模块型区域分解合元极方法在计算大规模FSS阵列和金属板时的计算信息

频率/GHz	目标	阵列规模	子区域数目	未知数(FE/BI)	迭代步数	消耗内存/GB	计算时间/hh:mm:ss
9.0	金属平板	45×30	255	23 770 481/527 292	63	40.60	01:25:30
	FSS				48		01:08:16
15.0	金属平板	45×30	255	76 539 278/1 409 928	57	190.30	12:18:45
	FSS				59		12:33:52

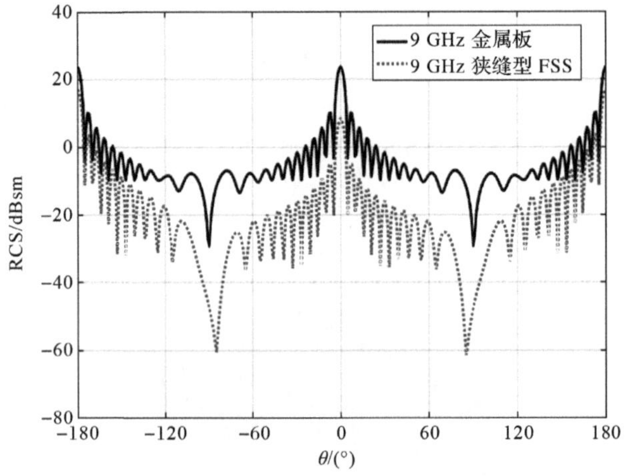

(a)

图7.16 规模为45×30的金属平板和狭缝型FSS阵列在 xz 平面上的VV极化双站RCS
(a) 9.0 GHz

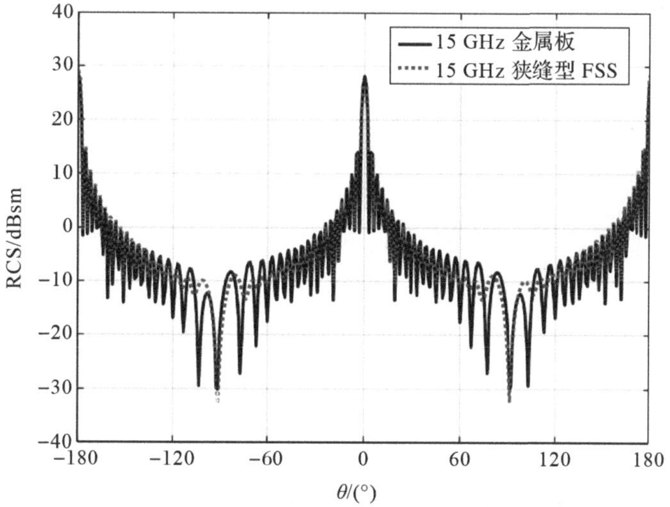

（b）

图 7.16　规模为 45×30 的金属平板和狭缝型 FSS 阵列在 *xz* 平面上的 VV 极化双站 RCS（续）
（b）15.0 GHz

7.5.6　Vivaldi 阵列天线在内嵌 FSS 天线罩下的辐射

最后，通过分析一个 Vivaldi 天线阵列在内部嵌有环形 FSS 的天线罩下的辐射特性来展示本章提出的非共形模块型区域分解合元极方法的现实应用性。具有 10×10 单元的 Vivaldi 天线阵列和嵌有 686 个环形 FSS 单元的半圆形天线罩的结构和尺寸如图 7.17 所示。Vivaldi 天线单元的厚度为 1.58 mm，馈电同轴的内半径为 0.25 mm，外半径为 0.575 mm，采用文献[11-12]提出的波导馈电模型进行激励。天线单元在 $\hat{x}$ 轴方向上的间距为 9.2 mm。天线罩材料的相对介电常数为 2.0。天线的工作频率分别设为 6.0 GHz 和 7.9 GHz。

在该算例中，基于 FE-BI 方法中 BI 截断的优势，天线罩与天线阵列的两个闭合外表面作为 BI 积分面，其中间空气区域不需要考虑，可以通过积分方程中的格林函数进行作用，这样可大大缩小计算区域，

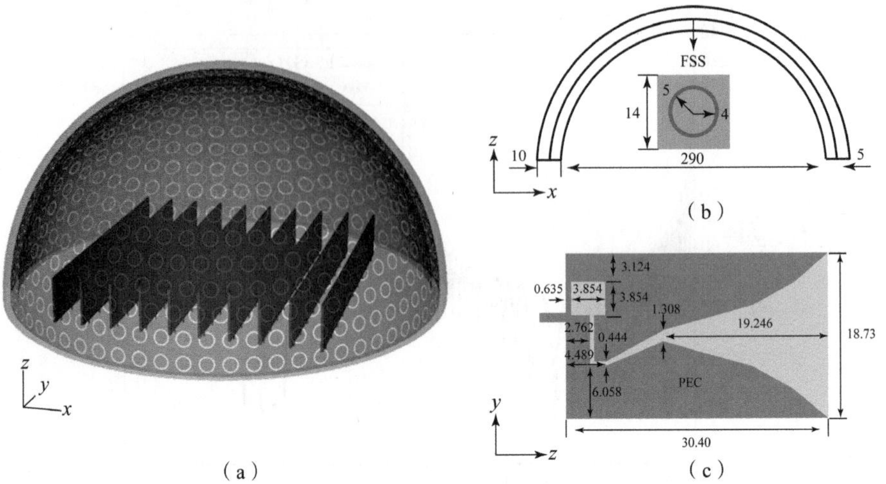

图 7.17 Vivaldi 阵列天线和复合天线罩的结构和具体尺寸（单位：mm）

（a）天线罩和阵列天线；（b）天线罩；（c）Vivaldi 单元

降低未知数数目。采用两种区域分解方式：使用基于图形学的 METIS 分解天线罩，使用基于几何形状的方式分解具有周期性特点的天线阵列。天线罩首先使用四面体进行整体剖分，然后将所有四面体分解为 60 个子区域。Vivaldi 天线阵列则采用 9 种特征子区域来聚合成 100 个子区域。网格的平均边长均为 $h=\lambda_0/20$。

为了进行对比，还计算了单独的天线阵列。在计算过程中，迭代求解器的截断容差设为 10^{-3}。计算过程中的详细计算信息见表 7.4，从中可以看到预期的在具有天线罩情况下迭代步数的增加，这主要是由于天线阵列和天线罩的相互作用及子区域的尺寸较小引起的。在不同频率下，单独的 Vivaldi 天线阵列和在嵌有环形 FSS 的天线罩覆盖下的辐射方向图如图 7.18 所示。在透射频率为 7.9 GHz 时，天线罩几乎没有改变该天线的辐射模式；但是在 6.0 GHz 时，可以明显看出天线罩对辐射波的反射作用。另外，将不同频率时天线罩覆盖下天线阵列附近的电场分布绘于图 7.19 中，可以非常直观地看到上述电磁现象。

表 7.4　非共形模块型区域分解合元极方法在计算天线罩和 Vivaldi 天线阵列时的计算信息

频率/GHz	目标	未知数（FE/BI）	迭代步数	消耗内存/GB	计算时间 /hh: mm: ss
6.0	单独天线	2 954 332/136 014	58	11.75	00 : 16 : 13
	天线和天线罩	7 545 091/488 036	195	180.37	07 : 17 : 41
7.9	单独天线	2 954 332/136 014	62	8.17	00 : 14 : 22
	天线和天线罩	7 545 091/488 036	177	180.94	07 : 14 : 57

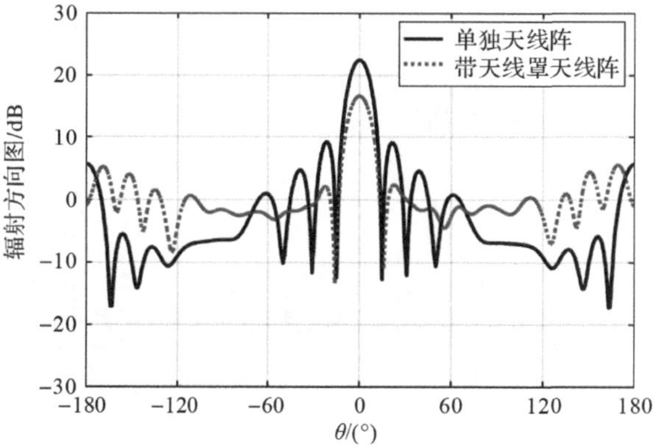

（a）

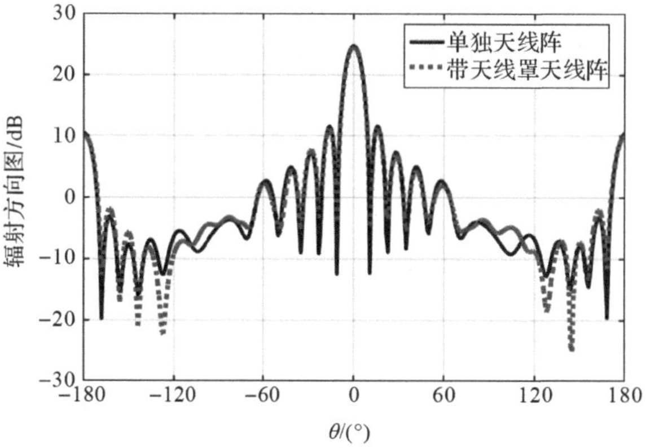

（b）

图 7.18　单独 Vivaldi 天线阵列和其在复合天线罩覆盖下在 *xz* 平面上的辐射方向图
（a）6.0 GHz；（b）7.9 GHz

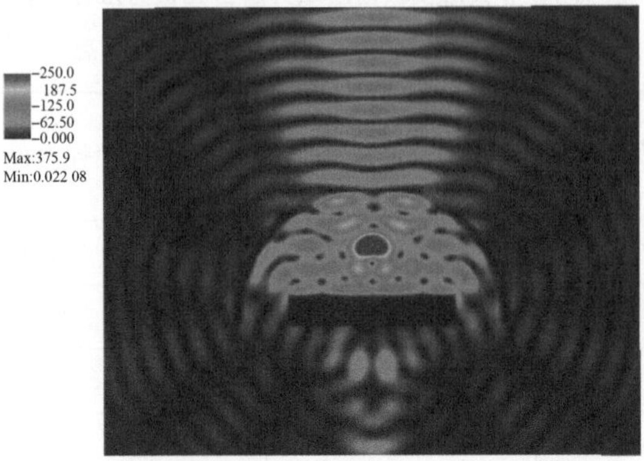

（a）

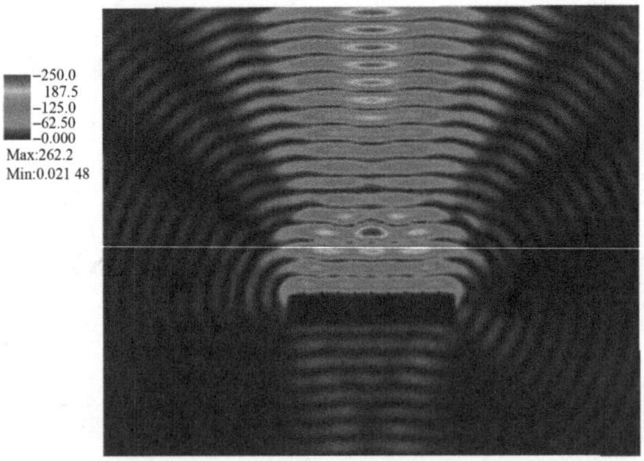

（b）

图 7.19　天线罩覆盖下 Vivaldi 天线阵列在不同频率时在 *xz* 平面上近区电场分布

（a）6.0 GHz；（b）7.9 GHz

7.6　小　　结

本章提出了一种稳定有效的非共形模块型区域分解合元极方法。该方法不仅将合元极方法的内部有限部分进行区域分解，而且将外部边界面进行区域分解，这样可以更加灵活地设置数学模型、构建几何形状和离散计算区域，而且该方法具有内在并行性，可在并行计算机集群上实现快速计算。数值实验表明，该方法的迭代收敛性很好，可以很快收敛到 10^{-6}。同时，该方法计算复杂度随计算规模增大呈线性增加，这有力地表明该方法具备优秀的可扩展性，具有计算电大尺度目标的潜力。目前本章方法已应用于分析电磁工程中的实际问题，如大规模频率选择表面阵列、天线在天线罩覆盖下的辐射特性，其计算结果完全符合实际物理现象，展现了该方法巨大的实际应用价值。

参考文献

[1] Peng Z, Wang X C, Lee J F. Integral Equation Based Domain Decomposition Method for Solving Electromagnetic Wave Scattering from Non-Penetrable Objects [J]. IEEE Trans. Antennas Propagat., 2011, 59 (9): 3328 - 3338.

[2] Peng Z, Lim K H, Lee J F. Computations of Electromagnetic Wave Scattering from Penetrable Composite Targets Using a Surface Integral Equation Method with Multiple Traces [J]. IEEE Trans. Antennas Propagat., 2013, 61 (1): 256 - 270.

[3] Wang X C, Peng Z, Lim K H, et al. Multisolver Domain Decomposition Method for Modeling EMC Effects of Multiple Antennas on a Large Air Platform [J]. IEEE Trans. Electromagn. Compat. 2012, 54 (2): 375 - 388.

[4] Hu J, Zhao R, Tian M, et al. Domain decomposition Method Based on Integral Equation for Solution of Scattering from Very Thin, Conducting Cavity [J]. IEEE Trans. Antennas Propagat., 2014, 62 (10): 5344 - 5348.

[5] Jiang M, Hu J, Tian M, et al. Solving Scattering by Multilayer Dielectric Objects Using JMCFIE-DDM-MLFMA [J]. IEEE Antennas Wire. Propag. Lett., 2014, 13: 1132-1135.

[6] Peng Z, Lim K H, Lee J F. A Discontinuous Galerkin Surface Integral Equation Method for Electromagnetic Wave Scattering from Nonpenetrable Targets [J]. IEEE Trans. Antennas Propagat., 2013, 61 (7): 3617-3628.

[7] Peng Z, Hiptmair R, Shao Y, et al. Domain Decomposition Preconditioning for Surface Integral Equations in Solving Challenging Electromagnetic Scattering Problems [J]. IEEE Trans. Antennas Propagat., 2016, 64 (1): 210-223.

[8] Peng Z, Lee J F. Non-Conformal Domain Decomposition Method with Mixed True Second Order Transmission Condition for Solving Large Finite Antenna Arrays [J]. IEEE Trans. Antennas Propagat., 2011, 59 (5): 1638-1651.

[9] 盛新庆. 计算电磁学要论 [M]. 合肥: 中国科学技术大学出版社, 2008.

[10] Liu J, Jin J M, Yung E K, et al. A Fast, High Order Three-Dimensional Finite-Element Analysis of Microwave Waveguide Devices [J]. Microwave. Opt. Technol. Lett., 2002, 32 (5): 344-352.

[11] Lou Z, Jin J M. An Accurate Waveguide Port Boundary Condition for the Time-Domain Finite-Element Method [J]. IEEE Trans. Microw. Theory Tech., 2005, 53 (9): 3014-3023.

[12] Georgakopoulos S V, Balanis C A, Birtcher C R. Cosite Interference Between Wire Antennas on Helicopter Structures and Rotor Modulation Effects: FDTD Versus Measurements [J]. IEEE Trans.

Electromagn. Compat. , 1999, 41 (3): 221 -233.

[13] Vouvakis M N, Zhao K, Seo S M, et al. A Domain Decomposition Approach for Non-Conformal Couplings Between Finite and Boundary Elements for Electromagnetic Scattering Problems in R3 [J]. J. Comput. Phys. , 2007, 225 (1): 975 -994.

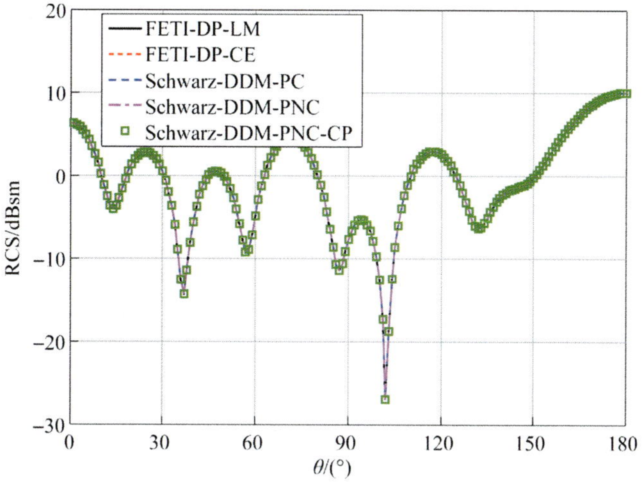

图 3.4　5 种区域分解有限元方法计算同心球在 *xz* 平面上的双站 RCS

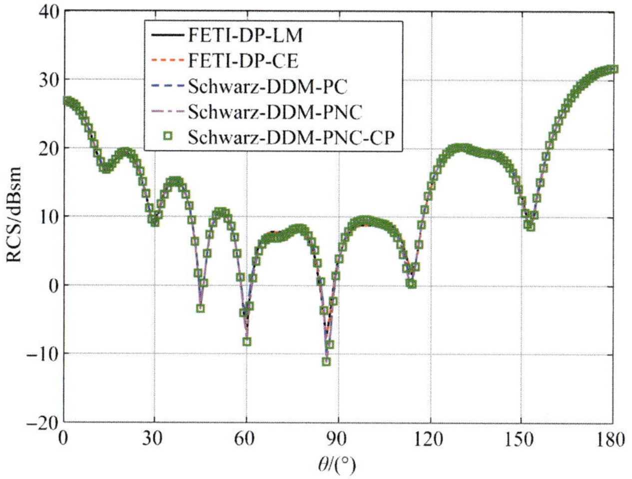

图 3.7　5 种区域分解有限元方法计算介质立方块在 *xz* 平面上的双站 RCS

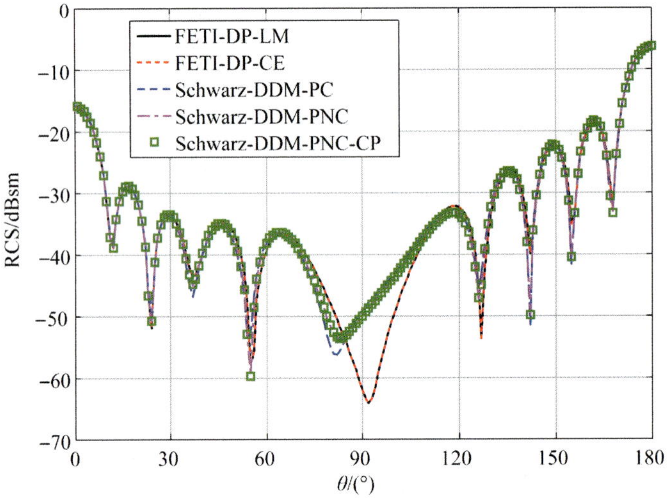

图 3.11　5 种区域分解有限元方法计算 FSS 阵列在 *xz* 平面上的双站 RCS

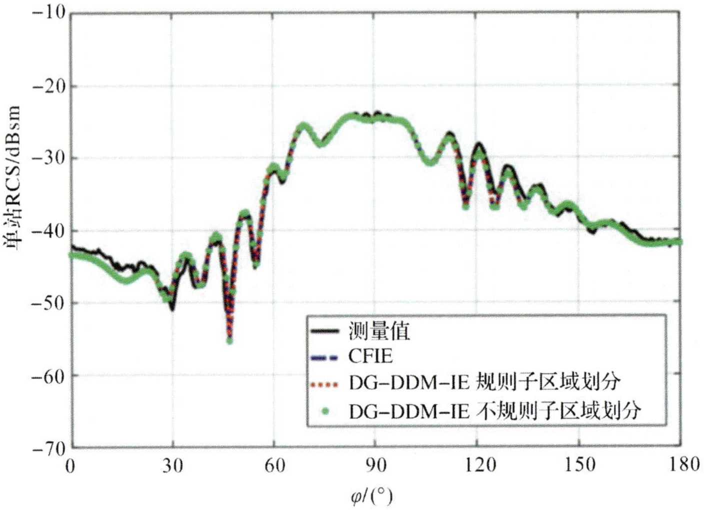

图 4.5　在 7 GHz 平面波照射下，不同方法计算得到的单站 RCS

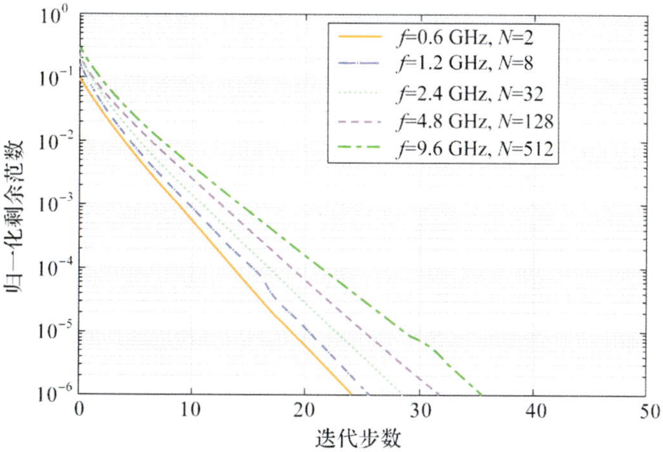

图 4.7　随着频率增加迭代求解收敛性的变化

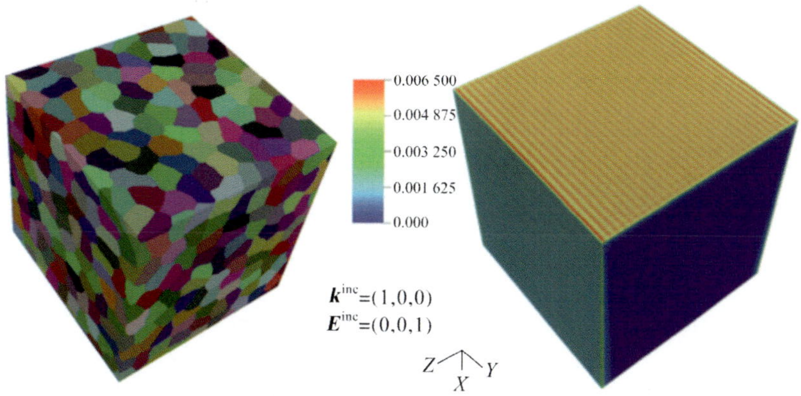

图 4.8　在 7 GHz 平面波照射下划分为 512 个区域的金属立方体的电流分布

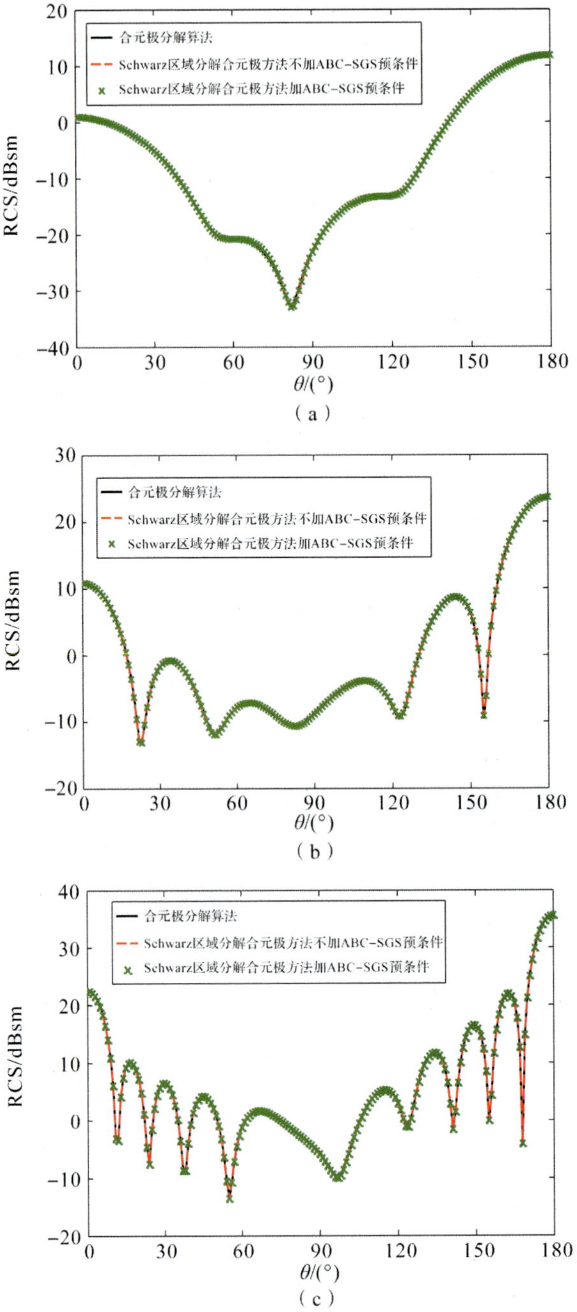

图 5.14 不同规模的介质块阵列在 *xz* 平面上的 VV 极化双站 RCS

(a) 2×2 阵列；(b) 4×4 阵列 (c) 8×8 阵列

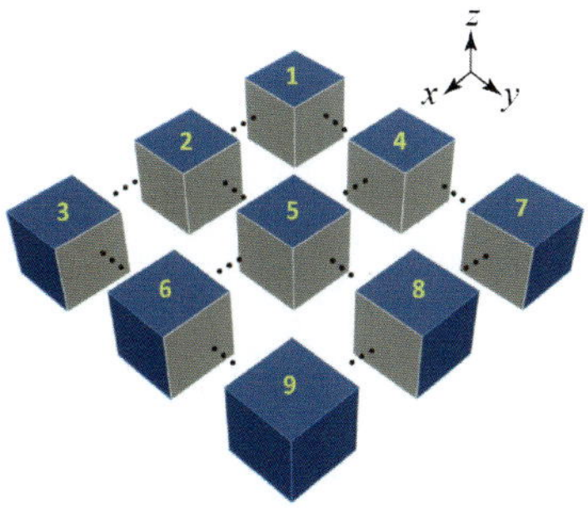

图 7.15　大规模 FSS 二维阵列中 9 种不同的 FE – BI 特征子区域